홈 베이킹

이승식 지음

예신 BOOKS

Home Baking

머리말

등에서 땀이 주르르 흘렀다. 날씨 탓도 있지만 오븐 앞에서 빵을 굽다 보니 날씨와 오븐의 온도가 어우러진 것 같다. 그리고 사진의 조명 역시 만만치 않게 온도를 끌어 올렸다.

정신없이 6개월이 지나갔다. 이제는 열매를 맺을 때가 되었구나 하는 생각에 마음이 흐뭇하다. 많은 가정에 좀더 쉽게 빵을 만들 수 있도록 도움을 줄 수 있어 더욱더 기쁘다.

우리나라의 빵 역사도 오래되었다. 정확한 것은 기억나지 않지만 100년은 족히 되지 않았나 싶다. 그런데 아직도 우리는 오븐을 사용하는 데 익숙치 못하다. 빵이 가정으로 널리 보급되지 않았다는 의미이다. 그 이유 중 하나가 유럽은 밀가루를 주식으로 하는 문화이고, 우리는 쌀을 주식으로 하고 있기에 오븐을 덜 사용하게 되어서일 것이다.

그리고 또 하나의 이유를 찾는다면 제과인들이 관심을 보이지 않아서이다.

가정에서 빵을 만들게 되면 제과점의 매출이 떨어질 것을 염려했기 때문이다.

이제는 달라졌다. 가정에서 빵을 만들어도 제과점의 매출에는 크게 영향을 미치지 않는다. 그만큼 빵을 주식으로 하는 사람도 많아졌고, 빵을 굽는 사람들 또한 최고의 품질을 유지하기 위해 노력을 하고 있음이다.

한번 생각해 보았는가? 일요일 하루 가족과 함께 집에서 빵 만드는 아름다운 모습을……

빵에 대한 노하우가 쌓인다면 우리는 금방 과자며 케이크를 만들어 이웃에게 사랑과 함께 전할 수 있을 것이다.

그래서 여기에 가장 손쉽게 가족과 함께 만들 수 있는 제품을 소개하려고 한다. 가족과 함께 만들다 보면 빵보다 더 맛있는 가족의 사랑이 싹트지 않을까?

끝으로 이 제품의 코디를 해주고 실연에 도움을 주신 이상숙 선생님, 김은경님, 이미기님, 김지영님, 김현숙님 이하 모든 분들께 감사드린다.

그리고 바쁜 일정에도 책의 출간에 도움을 주신 도서출판 **예신** 여러분께도 감사드린다.

저자 씀 cake2001@hanmail.net

*Contents

❹ 조리빵 만들기

부록 식빵 만들기

케이크팬

케이크를 만들 때 스펀지를
굽는 틀이다.

동물케이크팬

동물 모양의 케이크를 만들 때
사용하는 틀이다.

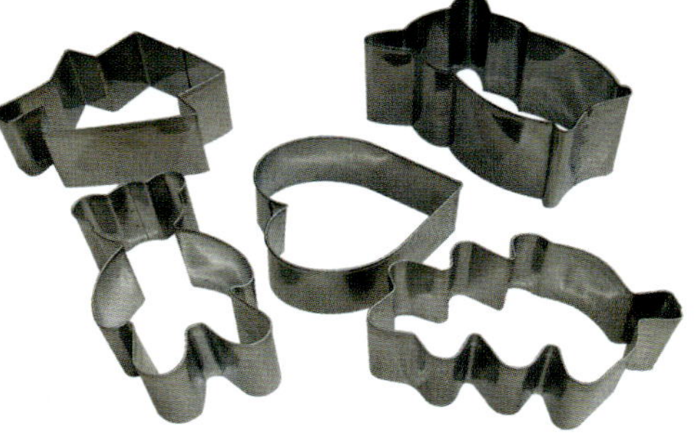

모양 쿠키틀

반죽을 밀어 편 후 여러 가지 모양의
쿠키틀을 이용하여 원하는 형태의 쿠
키를 만든다.

피자팬

피자를 구울 때 사용한다.

시폰팬

시폰 케이크를 구울 때 사용한다.

바게트팬

바게트를 만들 때 사용하는 전용 팬이다.

종이팬

철로 된 팬이 없을 때 종이팬을
이용하면 편리하다.

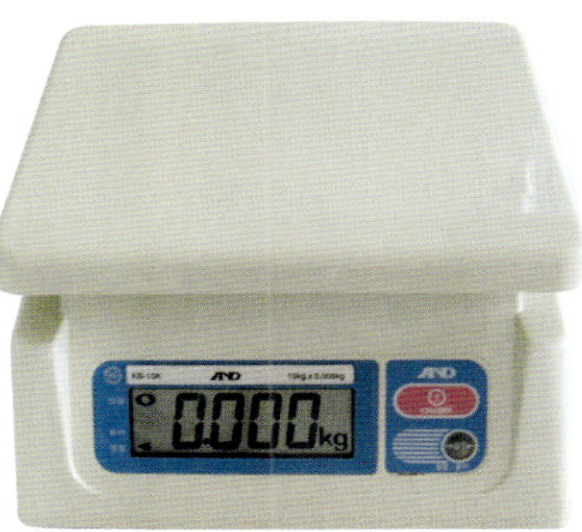

전자 저울

밀가루나 설탕 등의 재료를 계량할 때
사용한다.

식빵팬

우유식빵, 옥수수식빵을 만들 때
사용한다.

평철판

소형 빵과 과자 등을 구울 때 사용한다.

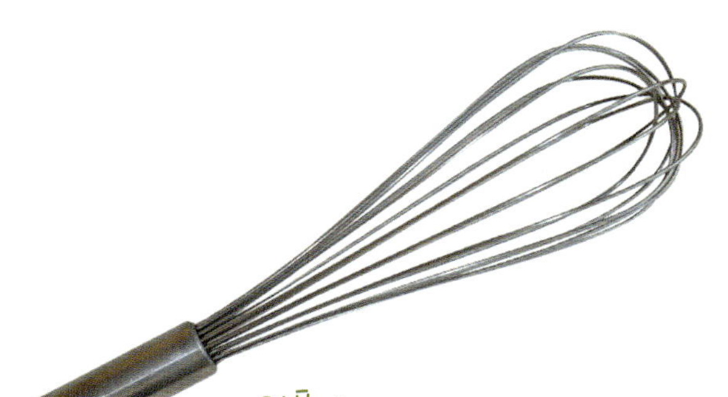

거품기

작은 양의 배합을 만들 경우 손으로 직접 거품을
올릴 때나 재료를 섞을 때 사용한다.

짤주머니

컵 케이크 반죽이나 머핀 케이크 반죽을 넣어
작은 팬에 담을 때 사용하고, 또한 케이크를
만들 때 모양깍지를 끼워 넣고 데코레이션 할
때 사용한다.

주름틀

원형 모양의 과자를 만들 때
사용한다.

링 도넛틀

반죽을 밀어 펴서 케이크 도넛을
찍어내는 도구이다.

자동체

손잡이에 밀가루를 흔들어 체를 칠 수 있는
장치가 있는 것으로 편리함을 더해 준다.

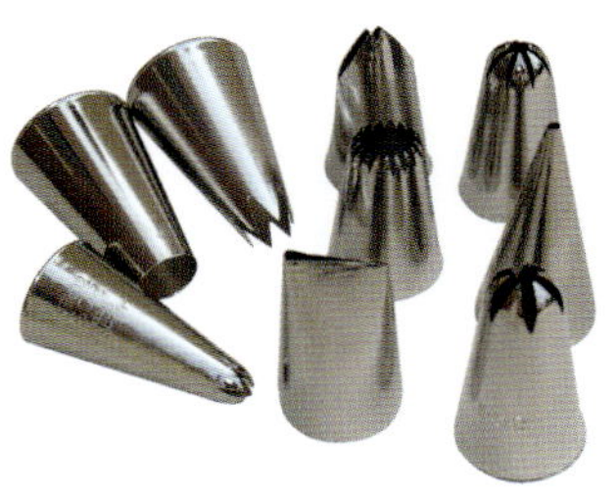

모양깍지

짤주머니에 모양깍지를 끼우고 과자 반죽을 넣고 모양을 낼 때 사용하거나, 케이크 데코레이션 작업을 할 때 사용한다.

계량 스푼

저울이 없을 때 사용하기도 하고, 재료가 소량으로 들어갈 때 사용하기도 한다.

가정용 저울

전자 저울처럼 정확하지는 않지만, 가격이 저렴하여 가정에서 많이 사용한다.

스패튤러

케이크를 만들 때나 크림을 바를 때, 식빵에 잼을 발라 먹을 때 등 다용도로 사용한다.

빵칼 

칼날이 톱날 모양으로 되어 있어 빵을 썰 때 모양이 찌그러지는 것을 막을 수 있다.

냉각 팬

빵, 과자를 냉각시키는 데 사용한다.
바닥에 작은 구멍이 있어 빵이나 과자의 밑면에 습기가 차는 것을 막아 준다.

알뜰주걱

그릇에 묻어 있는 반죽을 깨끗이 긁어내는 데 사용한다.

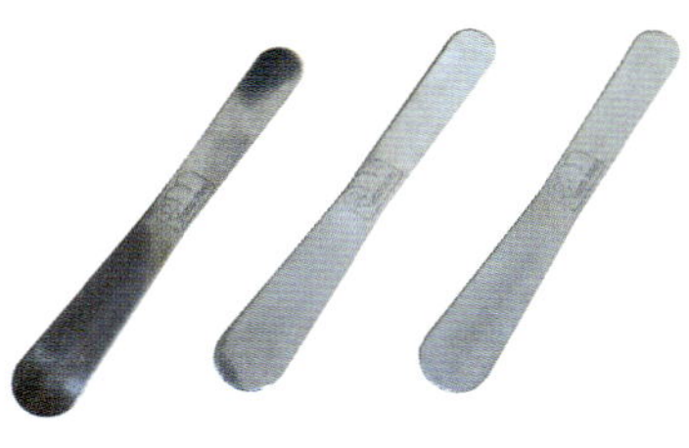

헤라

우리말로 '주걱' 이라는 뜻으로, 앙금빵이나 기타 성형 과정에서 반죽 안에 속을 넣을 때 사용한다.

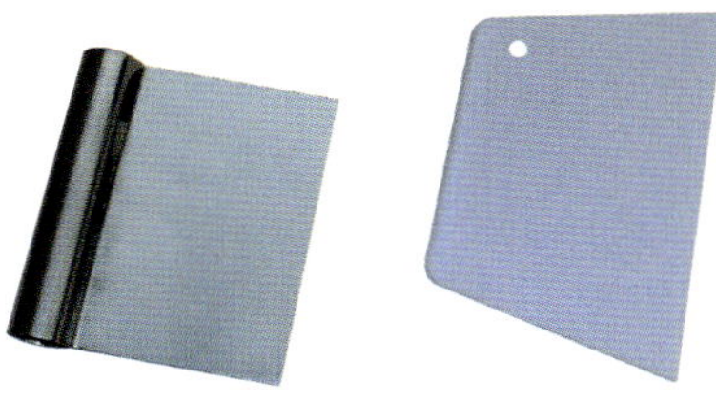

스크레이퍼

빵이나 과자 반죽을 분할할 때 사용한다.

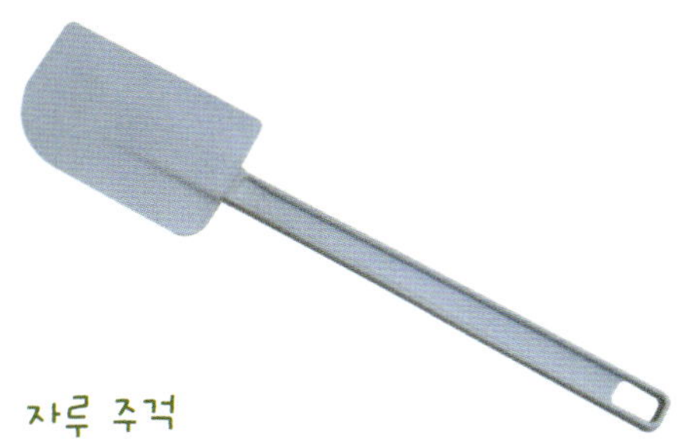

자루 주걱

알뜰 주걱 대용으로 많이 사용하는 것으로 자루 쪽이 길어 깊은 볼에 사용하기에 알 맞은 도구이다.

하트팬

하트형 케이크를 만들 때 사용하는 틀이다.

가정용 디지털 전자 저울

최대 1kg까지 계량할 수 있는 전자 저울이다.
작고 가격도 저렴하여 가정용으로 알맞다.

비커

액체 재료를 계량할 때 사용하는 도구이다.

파이롤(pie roll)

파이를 자를 때 사용하는 도구이다.

온도계

빵을 만들 때 물과 빵 반죽의 온도를
알아볼 때 쓰는 도구이다.

샌드위치 식빵팬

샌드위치를 만들 때 필요한 식빵을 만드는 팬이다.

샌드위치 만들기

샌 드위치라는 말은 18세기 후반 영국의 J.M.샌드위치 백작이 항상 트럼프 놀이에 열중하여 식사할 시간이 없어 고용인으로 하여금 육류와 채소류를 빵 사이에 끼운 것을 만들게 하여 옆에 놓고 먹으며 승부를 겨룬 일에서 생겨났다고 한다.

샌드위치와 비슷한 음식은 오래 전부터 볼 수 있었는데, 로마시대에 이미 검은 빵에 육류를 끼운 음식이 가벼운 식사 대용으로 애용되었고, 러시아에서도 전채(前菜)의 한 종류인 오픈 샌드위치를 만들어 사용하였다고 한다.

샌드위치는 형태상으로

◆ 클로즈드 샌드위치 : 클로즈드 샌드위치는 2쪽의 빵 사이에 속(filling)을 끼우는 것으로, 빵의 가장자리를 잘라내기도 하고 그냥 두기도 한다.

◆ 오픈 샌드위치 : 오픈 샌드위치는 한쪽의 빵 위에 육류와 채소를 조화롭게 올려 먹는 것으로, 이것을 특히 카나페(canapé)라 한다. 그리고 샌드위치는 용도에 따라 모양과 속을 다르게 만든다.

1. 점심 또는 소풍용 샌드위치

점심 또는 소풍용 샌드위치는 주식의 구실을 해야 하므로 필요한 영양분을 고루 함유하며, 만복감을 줄 수 있는 크기나 양이어야 한다. 따라서 빵의 두께도 적당히 두꺼워야 하고 가장자리를 잘라 버릴 필요도 없다.

물기가 적은 것을 속으로 사용할 때는 특히 버터를 넉넉히 바르도록 한다. 그러나 채썬 고기나 닭고기를 마요네즈로 버무려 넣을 때는 버터를 조금만 바르는 것이 좋다.

속은 채소와 육류를 곁들여 2가지 정도를 함께 넣는 것이 보통이다. 삶아서 저민 또는 채로 썬 소고기 · 닭고기 · 햄 · 생선 등과 달걀 · 치즈 · 토마토 · 오이 · 셀러리 · 양파 등을 알맞게 선택하여 마요네즈 · 케첩 등과 버무려 다양하게 만든다.

2. 칵테일용 샌드위치

칵테일용 샌드위치는 맛있어야 하지만 반드시 정교하게 만들 필요는 없다. 또한 이 샌드위치는 배가 부르는 것이 목적이 아니므로, 자그마하게 만들고 고급 재료를 사용한다. 속은 보통 다지거나 얇게 썰어 모양을 자유롭게 만든다.

빵을 쿠키 커터로 떼어 내어 오픈 샌드위치로 만드는 경우가 많다.

3. 파티용 샌드위치

파티용 샌드위치는 빵을 쿠키 커터로 자르거나 얇게 썰어 여러 종류의 속을 바른 후 돌돌 말아 이쑤시개로 고정시킨 후 썰거나, 또는 여러 겹의 빵 사이에 속을 발라 눌러서 붙게 한 후 썰어 놓는다.

쿠키 커터로 빵을 잘랐을 때는 오픈 샌드위치가 되는데, 그 위에 여러 가지 재료를 다져서 마요네즈로 버무린 속을 한쪽에만 바른다. 파티용 샌드위치는 손이 많이 가는 아름다운 음식이다.

샌드위치를 만드는 빵은 하루 묵은 빵이 적합하고 토스트용보다 얇게 썬다. 도시락이나 가벼운 식사용으로는 빵의 두께가 1cm 전후, 티와 칵테일용으로는 5~6mm, 파티용으로는 3mm로 써는 것이 상식이다.

버터를 빵에 바를 때는 버터를 미리 실온에 꺼내 놓아 말랑말랑하게 한 후 포크나 나이프로 으깨어 덩어리 없이 만들어서 빵에 골고루 바른다. 약 60g의 버터를 16쪽의 빵에 바르면 알맞다.

속으로는 덩어리 없이 잘 저은 버터, 마요네즈, 겨자 갠 것, 안초비, 레몬즙에 파슬리 다진 것을 섞은 것을 많이 사용한다. 식사 대용의 샌드위치는 모양보다 영양분이 고루 들어 있도록 해야 한다.

돈가스샌드위치

감자샌드위치

버터식빵샌드위치

달걀샌드위치

달걀이 주재료인 샌드위치이다. 달걀은 철·단백질·비타민이 들어 있어 완전
단백질이라 부를 정도로 영양가가 매우 높다.

재료(4개용)

달걀 4개, 오이 1/4개, 당근 1/4개, 양배추 2장,
햄 200g, 마요네즈 100g, 식빵 8쪽

 **만드는 법**

01 재료를 준비한다.

02 달걀은 삶은 후 엉근체에 내린다(노른자만 엉근체에 내리고, 흰자는
칼로 큼직하게 썰어 먹을 때 씹는 맛을 느낄 수 있도록 한다).

03 오이, 당근, 양배추, 햄을 잘게 다진다(오이, 당근, 양배추는 3시간
정도 소금에 절였다가 면포를 이용하여 수분을 제거하면 작업이 용
이하다).

04 **2**와 **3**을 한군데에 넣고 마요네즈로 버무린다(취향에 따라 소금이나
후추를 사용할 수도 있다).

05 식빵에 **4**의 야채를 올린다.

06 또다른 식빵을 윗면에 올린다.

tip 쿠킹 포인트
싱싱한 달걀 고르는 법

1. 껍질이 까슬까슬해야 한다.
2. 햇빛을 통해 볼 때 맑게 보여야 한다.
3. 흔들어 보았을 때 소리가 없어야 한다.
4. 달걀을 깨뜨렸을 때 노른자가 흩어지지 않아야 한다.
5. 6~10%의 소금물에 담갔을 때 가라앉아야 한다.

1

2

3

4

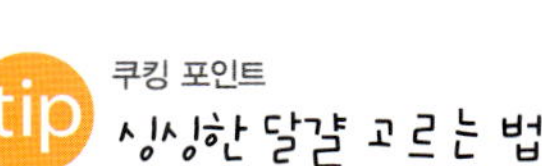

6

5

감자샌드위치

예전에는 비상 식량이었던 감자가 요즘에는 별미로 많이 이용되고 있다.
감자에는 풍부한 녹말이 들어 있어 녹말 섭취에 좋은 식품이다.

재료(4개용)

감자 2개, 달걀 3개, 완두콩 50g, 마요네즈 70g,
양배추 2장, 당근 1/4개, 양파 1/2개, 셀러리 1줄기,
오이 1/4개, 오이피클 8쪽, 슬라이스 햄 2장,
슬라이스 치즈 2장, 식빵 8쪽

만드는 법

01 재료를 준비한다.

02 감자와 달걀은 삶은 후 엉근체에 내린
   다(흰자는 칼로 썰어도 된다).

03 양배추, 당근, 양파, 셀러리는 2~3cm
   크기로 썬다.

04 오이는 어슷썰기를 한다.

05 3과 4의 재료를 소금에 넣고 3시간
   정도 절인 후 물기를 완전히 제거하
   고, 절여진 야채와 달걀, 감자, 완두콩
   을 넣은 후 마요네즈로 버무린다(후추
   와 소금으로 간을 할 수도 있다).

06 식빵에 마요네즈를 골고루 바른 후 마
   요네즈로 버무려 놓은 감자 샐러드를
   식빵 위에 고루 펴서 얹는다.

07 오이피클을 4개씩 감자 샐러드 위에
   올린다.

08 오이피클 위에 슬라이스 햄과 슬라이
   스 치즈를 올리고 또다른 식빵을 얹
   는다.

카레샌드위치

카레는 '국물'이라는 뜻의 인도어에서 유래한 것으로, 더위가 심한 인도에서
발한 작용으로 인한 상쾌함을 얻기 위해 만든 매운맛의 향신료이다.
카레의 독특함이 어우러진 샌드위치이다.

재료(4개용)

감자 1개, 마늘 2쪽, 소고기 250g, 양파 1/2개,
버터 30g, 카레 70g, 달걀 4개, 양상추 4장,
다우전 아일랜드 드레싱 100g, 오이피클 8쪽,
슬라이스 햄 2장, 슬라이스 치즈 2장, 식빵 8쪽

 **만드는 법**

01 재료를 준비한다.

02 마늘은 잘게 썰어서 소고기와 같이 버무린 후 프라이팬에 볶는다(취
향에 따라 후추와 소금을 넣을 수도 있다).

03 양파도 링으로 썬 후 버터로 살짝 볶는다.

04 카레 가루와 물을 섞은 후 거품기로 풀어 주고, 끓인 후 엉근체에 내
린다.

05 2와 3의 재료를 4에 섞은 후 프라이팬에 옮겨서 다시 한번 끓인다.

06 식빵 위에 다우전 아일랜드 드레싱을 골고루 발라 준 다음, 양상추를
한 장 깔고 5를 골고루 얹은 후 오이피클과 햄, 슬라이스 치즈를 올린
다. 또다른 식빵에 다우전 아일랜드 드레싱을 바른 후 덮어 준다.

돈가스샌드위치

돈가스는 돼지고기 살을 두툼하게 자른 후 달걀을 풀어서 씌운 다음, 빵가루를 묻혀 튀긴 것이다. 지금 우리가 즐겨먹는 돈가스는 서양 요리인 포크 커틀릿 (Pork cutlet)이 일본으로 전해지고, 일본에서 다시 우리나라로 전해진 것이다.

재료(4개용)

마요네즈 100g, 양상추 4장, 슬라이스 치즈 4장, 슬라이스 햄 4장, 오이 1/4개, 양파 1/2개, 머스터드 소스 100g, 튀긴 돈가스 2개, 오이피클 8조각, 식빵 8쪽

 **만드는 법**

01 재료를 준비한다.

02 식빵에 마요네즈를 바른다.

03 양상추를 올린 후 슬라이스 치즈와 슬라이스 햄을 올린다.

04 오이는 어슷썰기를 한 후 올린다.

05 또하나의 식빵에 마요네즈를 바른 후 올린다.

06 5의 식빵 위에 머스터드 소스를 바른 후, 식빵 위에 링으로 썬 양파를 올린다.

07 튀긴 돈가스를 올린 후 머스터드 소스를 바른다.

08 오이피클을 올린 후 또다른 식빵에 마요네즈를 바른 다음 덮는다.

김말이샌드위치

김은 지방이 거의 없으며, 단백질이 30~40% 정도 들어 있다.
비타민 A도 많이 들어 있으며, 달콤한 맛과 감칠맛 나는 것이 일품이다.

재료

감자 1개, 달걀 3개, 양상추 3장, 적배추 3장,
맛살 3개, 오이 1/4개, 슬라이스 햄 2장,
당근 1/4개, 오이피클 8쪽, 김 2장, 식빵 6쪽,
케첩 100g, 마요네즈 100g

 **만드는 법**

01 재료를 준비한다.

02 감자는 삶은 후 엉근체에 내린다.

03 양상추, 적배추, 맛살, 오이, 햄, 당근, 오이피클 등을 적당한 크기로
   자른 후 마요네즈에 버무린다(후추나 소금으로 간을 할 수도 있다).

04 자른 식빵의 한쪽 면에 마요네즈를 골고루 바르고, 식빵 위에 김을
   한 장 올린 후 달걀로 지단을 만들어 얹는다.

05 3의 샐러드를 올리고, 케첩을 대각선으로 짜 준다.

06 5를 김밥 말듯이 단단히 말아 준다.

에그롤샌드위치

매운맛의 톡 쏘는 머스터드 소스의 맛이 배어 입맛이 없을 때나 일 때문에
바쁠 때 간편하게 먹을 수 있는 샌드위치이다.

재료(4개용)

달걀 4개, 빵가루 50g, 양파 1/2개, 오이 1/4개,
오이피클 8쪽, 통햄 100g, 셀러리 1줄기,
맛살 2개, 사과 1/4개, 머스터드 소스 100g,
식빵 4쪽, 마요네즈 100g

 **만드는 법**

01 재료를 준비한다.

02 달걀 2개는 삶은 후 가루체에 내린다.

03 빵가루는 프라이팬에 살짝 볶는다.

04 양파, 오이, 오이피클, 햄, 셀러리, 맛살, 사과는 적당한 크기로
자른 후 **3**의 밀가루를 넣고 마요네즈로 골고루 섞어 준다.

05 슬라이스한 빵에 머스터드 소스를 바른 후 나머지 달걀 2개는
지단을 붙여 깔아 준 다음 **4**의 재료를 올린다.

06 김발을 깔고 **5**를 김밥 말듯이 단단히 말아 준다.

 **tip** 쿠킹 포인트
머스터드(mustard) 소스

겨자로 만들어 매운맛을 내는 샐러드 드레싱을 말한다.

1. 흑겨자로 만들어 향이 짙은 것은 독일풍 머스터드라고 한다.
2. 백겨자로 만들어 매운맛을 내는 것은 영국풍 머스터드라고 한다.
3. 허브와 백포도주를 섞어 톡 쏘는 맛이 나면서 끝맛이 부드러운 디존 머스터
   드는 고급 드레싱용 프렌치 머스터드이다.
4. 허니 머스터드(honey mustard) 드레싱 : 허니 머스터드 소스라고도 한다.
   마요네즈 100ml에 양겨자 20g, 올리브유 20ml, 꿀 30g, 식초, 레몬주스,
   소금, 후춧가루 약간을 넣고 기호에 맞춰 양을 조절해가며 섞어서 만든다.

프루트샌드위치

비타민 C가 풍부한 과일과 요플레가 어우러져 환상적인 맛을 내며, 시각적인
효과가 뛰어나 손님 초대용 메뉴로 아주 좋다.

재료(4개용)

요플레 200g, 바나나 1개, 복숭아 1개,
파인애플 4조각(통조림), 밀감 12조각, 체리베리
50g, 식빵 8쪽

만드는 법

01 재료를 준비한다.

02 빵 위에 요플레를 얇게 골고루 펴 바른다.

03 빵 위에 바나나, 복숭아, 파인애플, 밀감, 딸기를 보기 좋게 올린다.

04 다시 과일 사이에 요플레를 뿌려 준다.

05 체리베리로 마지막 장식을 한 후 또다른 식빵을 그 위에 얹는다.

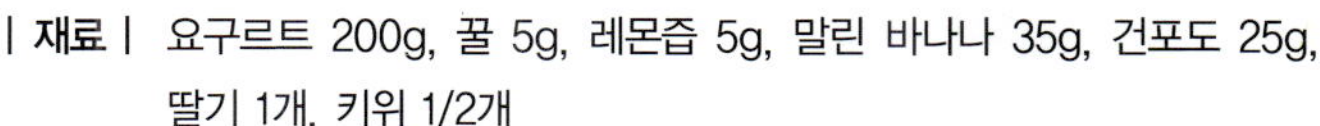

tip 쿠킹 포인트
요플레 만드는 법

| 재료 | 요구르트 200g, 꿀 5g, 레몬즙 5g, 말린 바나나 35g, 건포도 25g,
딸기 1개, 키위 1/2개

1. 요구르트에 꿀과 레몬즙을 섞어 준다.

2. 말린 바나나와 건포도는 분말기에 갈아 1에 섞는다.

3. 딸기와 키위는 1cm 굵기로 썰어 2에 섞어 준다.

※ 요플레는 시중에서도 쉽게 구할 수 있으므로 구입해서 사용하면 편리하다.

생크림샌드위치

부드러운 생크림과 상큼한 키위의 어울림이 맛과 향을 더해 준다. 성장기 아이들의 간식과 생일 초대용으로 좋다.

재료(4개용)

생크림 200g, 키위 2개, 식빵 4쪽

 **만드는 법**

01 재료를 준비한다.

02 식빵의 가장자리를 잘라 낸 다음, 한쪽 면에 생크림을 발라 준다.

03 생크림을 바른 면 위에 키위를 얹는다.

04 키위를 얹은 면에 다시 생크림을 듬뿍 올린다(계절에 따라 딸기 등 여러 가지 과일을 얹을 수도 있다).

05 4 위에 또다른 빵으로 덮어 준다.

tip 쿠킹 포인트

생크림이란?

생크림은 지방 함량이 18% 이상인 것으로, 마트나 할인점 또는 제과 재료 전문점에서 판매한다. 생크림을 스텐볼에 넣고 또다른 스텐볼에 얼음을 넣고, 그 위에 생크림 스텐볼을 얹은 후 거품을 내면 된다.

생크림에 설탕이나 향이 좋은 술을 소량 사용하면 더욱 맛이 좋은 생크림을 만들 수 있다.

"

핫도그샌드위치

식빵으로 만든 샌드위치와 달리 혀 끝에 느껴지는 부드러운 빵 맛으로 인하여
색다른 맛을 경험할 수 있다.

재료(4개용)

감자 1개, 달걀 5개, 적배추 5장, 오이피클 8쪽,
페페로니 8개, 마요네즈 100g, 케첩 100g,
양상추 4장, 슬라이스 치즈 4개, 핫도그 빵 4개

 **만드는 법**

01 재료를 준비한다.

02 감자와 달걀은 삶은 후 엉근체에 내린다(흰자는 칼로 썰어도 된다).

03 적배추, 오이피클, 페페로니를 적당한 크기로 썬은 후, **2**의 재료와 같이
　　한군데에 넣고 마요네즈로 섞어 준다(취향에 따라 후추와 소금으로 간
　　을 할 수도 있다).

04 핫도그 빵을 반으로 자른 후 마요네즈와 케첩을 골고루 바른다.

05 깨끗이 씻은 양상추를 깔아 준다.

06 슬라이스 치즈를 양상추 윗면에 깔아 주고, **3**의 재료를 슬라이스 치즈
　　윗면에 보기 좋게 얹는다.

tip 쿠킹 포인트
핫도그(hot dog)란?

길쭉한 빵에 소금물로 데치거나 기름에 지진 소시지를 끼운 것을 말한다.
뜨거워서 마치 혀를 늘어뜨린 개와 비슷하다 하여 핫도그란 이름이 붙여졌다는 이야기가
있다. 도그빵 또는 핫도그롤 빵이라는 막대모양의 길고 둥근 빵에 칼금을 깊숙이 넣어 한
쪽이 붙게 쪼개어 속을 넣은 것이다.

치즈샐러드샌드위치

치즈는 우유 중의 카세인과 지방이 1/10로 농축된 것과 같다. 또한 비타민 A · B 등의 미량 원소도 많아 보건 · 미용 · 어린이 및 성인용 스품으로 적당하다.

재료(4개용)

머시룸 소스 100g, 슬라이스 치즈 4장,
양상추 4장, 토마토 1개, 햄 3장, 양파 1/2개,
핫도그 빵 4개, 오이피클 8쪽, 오이 1/4개,
케첩 100g, 마요네즈 100g

 **만드는 법**

01 재료를 준비한다.

02 양파와 오이피클을 잘게 썰어 놓은 후 머시룸 소스로 버무린다.

03 핫도그 빵을 수평으로 슬라이스한 후 케첩과 마요네즈를 일정하게 바른다.

04 3에 양상추를 깔고 슬라이스 치즈를 올린다.

05 햄과 양파를 깔고 잘게 썬 양파와 오이피클을 올린다.

06 잘게 썰은 토마토로 윗면에 장식을 한다.

tip **쿠킹 포인트**

머시룸 소스 만드는 법

| 재료 | 양송이 120g, 밀가루 30g, 버터 30g, 생크림 40g, 소금 · 후추 약간, 육수 1컵,
셀러리 1줄기, 양파 1/4개, 파슬리 가루 약간

| 만드는 법 |

1. 양송이를 반으로 잘라, 반은 4등분으로 자르고 나머지 반은 셀러리, 양파와 함께 믹서에 갈아 준다.

2. 밀가루에 버터를 넣고 볶다가 육수를 조금씩 넣어 주면서 풀어 준다. 그리고 생크림과 1을 넣고 소금, 후추로 간을 맞추어 걸죽하게 끓여 파슬리 가루를 살짝 뿌린다.

크라프트콘샌드위치

여러 가지 잡곡으로 이루어져 있는 빵으로 각종 영양소가 골고루 들어 있어 편식하는
아이들이나 인스턴트 식품을 많이 찾는 요즘에 건강 식품으로 각광받고 있다.

재료(4개용)

토마토 1개, 오이 12쪽, 오이피클 12조각,
슬라이스 치즈 4장, 슬라이스 햄 4장, 양상추
4장, 생크림 소스 100g, 크라프트콘 빵 8쪽

 **만드는 법**

01 재료를 준비한다.

02 토마토는 얇게 썰어 놓는다.

03 오이와 오이피클은 어슷썰기를 하여 12개를 준비한다.

04 빵의 한쪽 면에 생크림 소스를 바른다.

05 4 위에 양상추와 슬라이스 치즈, 슬라이스 햄을 깔아 준다.

06 생크림 소스를 슬라이스 햄 위에 골고루 발라 주고, 토마토와 오
　 이피클, 오이를 올려 완성한다.

 **tip** 쿠킹 포인트
크라프트 콘 믹스 [kraftkorn mix]

7가지 곡물(귀리, 다크 호밀가루, 보리, 콩, 밀, 해바라기씨, 아마인씨)을 넣어
만든 프리믹스로 영양이 풍부하다. 설탕이 전혀 들어 있지 않아 고소한 맛이
는다.

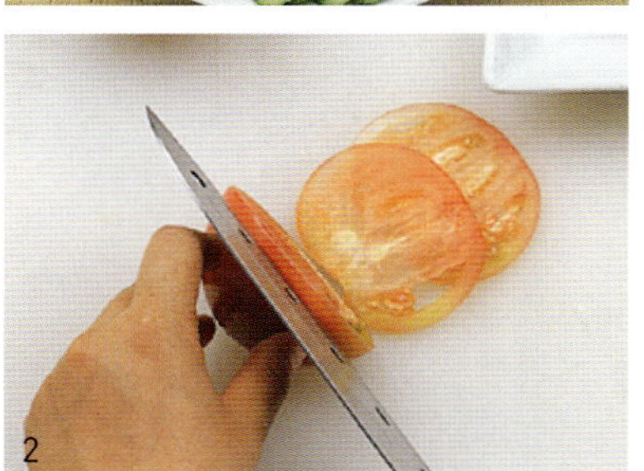

버터식빵샌드위치

부드러운 버터식빵에 고소한 마요네즈를 바르고 상추를 곁들인 샌드위치로,
상추를 싫어하는 아이들도 거부감 없이 먹을 수 있다.

재료(4개용)

슬라이스 치즈 5장, 토마토 1개, 오이 1개,
자르지 않은 버터 식빵 1개, 마요네즈 100g,
슬라이스 햄 5장, 겨자 소스 100g, 상추 5장

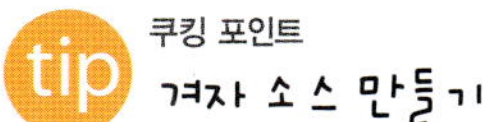 **만드는 법**

01 재료를 준비한다.

02 슬라이스 치즈는 삼각형 모양으로 자르고, 토마토는 얇게 자르고,
오이는 어슷썰기를 한다.

03 버터식빵을 5~6cm 간격으로 자른 후, 다시 빵 가운데를 3/4 가량
만 잘라 준비한다.

04 잘린 면 안쪽에 마요네즈를 골고루 바른다.

05 식빵 사이에 상추를 깔고 겨자 소스를 바른 후 슬라이스 햄과 슬라
이스 치즈, 토마토, 오이순으로 얹는다.

tip 쿠킹 포인트
겨자 소스 만들기

겨자(1큰술)를 따끈한 물(3큰술)에 개어 매운맛이 우러나면 설탕, 식초, 진간장, 참기름을
(1/2큰술씩) 넣고 고루 섞는다.
매운맛을 더 살려 주기 위해서 그릇 가장자리에 돌려 붙여 놓는다. 이곳에 따끈한 물을
부어 뚜껑을 덮고 20분 정도 둔다. 그 다음에 물을 따라 내고 수저로 갠다.

잡곡샌드위치

7가지 이상의 곡물이 함유된 빵으로, 영양과 맛이 뛰어나다. 다른 빵보다 당분이 없어 다이어트에 좋다.

재료(4개용)

다우전 아일랜드 드레싱 100g, 양상추 4장, 슬라이스 치즈 4장, 슬라이스 햄 2장, 양파 1개, 토마토 1개, 오이피클 12쪽, 식빵 8쪽

 **만드는 법**

01 재료를 준비한다.

02 식빵에 다우전 아일랜드 드레싱을 바른다.

03 2 위에 양상추를 깔고, 슬라이스 치즈와 슬라이스 햄을 올린다.

04 양파를 링으로 썬 후 2개를 얹는다.

05 얇게 썰어 놓은 토마토를 올린다.

06 토마토 위에 오이 피클을 올린 후 또다른 빵을 위에 얹는다.

tip 쿠킹 포인트
다우전 아일랜드 드레싱 만들기

마요네즈	500g	케첩	35g	올리브유	50g	토마토 페이스트	15g
다진 양파	35g	다진 오이피클	15g	다진 셀러리	5g	레몬	1개
블랙 올리브	10g	백포도주	5g	빨간 피망	5g	삶은 달걀	1개
소금	2g	양파	15g	피망	10g	식초	1.5g

| 만드는 법 |

모든 재료를 다진 후 스텐볼에 넣고 섞어 준다(취향에 따라 소금이나 후추를 넣고 섞어 준다).

※ 상추 샐러드에 얹으면 오이피클·양파 등이 1,000개의 섬처럼 보인다 하여 다우전 아일랜드 드레싱(thousand island dressing)이라는 이름이 붙었다.

바게트샌드위치

단단한 빵으로 설탕이 전혀 들어있지 않아 담백함을 더해 준다. 특히 살찌는
사람들에게 인기가 높다.

재료(2개용)

마요네즈 100g, 슬라이스 햄 7장, 오이피클 10쪽,
다우전 아일랜드 드레싱 100g, 맛살 5개,
양파 1/2개, 슬라이스 치즈 8장, 오이 1/2개,
양상추 6장, 토마토 1개, 바게트 빵 2개

만드는 법

01 재료를 준비한다.

02 바게트 빵을 길이 방향으로 자르고 마요네즈를 듬뿍 발라 준다.

03 마요네즈를 발라 준 곳에 오븐에 구운 슬라이스 햄을 얹어 준다.

04 오이피클 사이에 다우전 아일랜드 드레싱을 얹어 주고, 그 위에 맛살
  을 올린다.

05 다시 링으로 썬 양파를 위에 올린다.

06 2등분한 치즈를 길게 올린 후 세로로 길게 자른 오이를 놓고 양상추를
  1장씩 올린다.

tip 쿠킹 포인트
Sub Sandwich

Sub란 30cm 정도 되는 긴 바게트 빵에 훈제고기나 참치에 치즈, 양상추, 토마토,
양파 등을 넣어서 만든 샌드위치를 말한다. 미국에서는 Sub가 살찌는 사람에게 많은
인기가 있다. Sub sandwich는 설탕을 넣지 않아 건강에 좋은 식품이다.

오트밀샌드위치

오트밀은 빻은 귀리가루를 말한다. 오트밀은 풍부한 식이섬유와 단백질이 소화 속도를 늦춰 주며, 혈당이 급속히 올라가는 것을 막아 주는 기능과 일정한 속도로 에너지를 뇌에 공급하기 때문에 기억력 향상에 도움을 준다.

재료(4개용)

통 햄 150g, 토마토 1개, 양파 1/2개, 당근 1/2개, 오이 1/2개, 달걀 2개, 머스터드 소스 200g, 양상추 4장, 슬라이스 치즈 4장, 오트밀 빵 8쪽

 **만드는 법**

01 재료를 준비한다.

02 통 햄과 토마토, 양파, 당근, 오이를 채썬 후 머스터드 소스를 넣고 잘 버무린다.

03 빵에 머스터드 소스를 발라 준다.

04 전란을 사용하여 지단을 부친 후 빵 위에 지단을 얹고 2의 야채를 얹는다.

05 양상추를 한 장 올린 후 슬라이스 치즈를 그 위에 올린다.

06 또하나의 오트밀 빵에 머스터드 소스를 바르고 덮어 준다.

베이글샌드위치

베이글은 일반 빵을 오븐에서 직접 구워 내는 것과는 달리, 부푼 반죽을 먼저 끓는 물에 데쳐 겉을 익힌 후 오븐에서 구워 내므로 다른 빵에 비해 매우 쫄깃쫄깃한 맛을 낸다.

재료(3개용)

다우전 아일랜드 드레싱 100g, 양상추 3장, 양파 1/2개, 슬라이스 햄 3장, 슬라이스 치즈 3장, 베이글 3개

 **만드는 법**

01 재료를 준비한다.

02 베이글을 준비하여 빵칼로 중간 부분을 잘라 이등분한다.

03 빵 위에 다우전 아일랜드 드레싱을 골고루 발라 준다.

04 3에 양상추를 한 장 올린 다음 햄, 치즈, 양파를 차례로 올린다.

05 남은 한쪽의 베이글에 다우전 아일랜드 드레싱을 바른 후 덮어 준다.

 **쿠킹 포인트**

tip 베이글에는 왜 구멍이 있을까?

이는 끓는 물에 데쳐 내는 공정에 원인이 있다. 높은 온도에서 구워 내는 다른 빵과는 달리 상대적으로 낮은 온도인 물에 반죽을 데쳐 내야 하므로 좀더 높은 열전도를 위해 가운데에 구멍을 만든 것이다.

사과 [apple]

비타민 C와 칼리 · 나트륨 · 칼슘 등의 무기질이 풍부하다. 섬유질이 많아서 장을 깨끗이 하고 위액 분비를 활발하게 하여 소화를 도와 주며 철분 흡수율도 높여 준다. 품종은 모두 700여 종에 이른다. 한국에서는 1992년부터 후지와 쓰가루가 주종을 이루고 있다. 대표적인 생산지는 예산 · 충주 · 대구 · 의성 등지이다.

배 [pear]

기관지 질환에 효과가 있어 감기 · 해소 · 천식 등에 좋으며, 배변과 이뇨 작용을 돕는다. 가래와 기침을 없애고 목이 쉬었을 때나 배가 차고 아플 때 증상을 완화시켜 주며, 종기를 치료하는 데도 도움을 준다. 그 밖에 해독 작용이 있어 숙취를 없애 준다.

감 [persimmon]

감은 내한성(耐寒性)이 약한 온대 과수로서 한국의 중부 이북 지방에서는 재배가 곤란하다. 감에는 단감과 떫은 감이 있는데 중부 이북 지방에서는 단감 재배가 안된다. 서양에서는 감 먹기를 조심하고 있는데, 감의 타닌 성분이 지방질과 작용하여 변을 굳게 하기 때문이라 한다.

밀감 [mandarin orange]

열매는 편구형이고 지름 10~15cm로 과피가 두꺼우며 거칠고 황등색으로 익는다. 가을에 성숙하지만, 오랫동안 나무에 달려 있다가 다음해 여름에 먹을 수 있기 때문에 여름밀감이라고 한다. 맛이 시며 비타민 C가 풍부하여 생으로 먹는다.

파인애플 [pineapple]

브로멜린이라고 하는 단백질 분해 효소가 들어 있어 육류의 소화를 돕는다. 그러나 덜 익거나 추숙(제때보다 일찍 수확하여 뒤에 익히는 것)이 불충분한 열매에는 많은 양의 산과 수산석회 등이 들어 있어 먹으면 구강을 침해하며, 특히 어린아이들은 피가 나는 수도 있다.

딸기 [strawberry]

과실은 공 모양, 달걀 모양 또는 타원형이며, 대개는 붉은색이지만 드물게 흰색 품종도 있다. 대개는 비닐하우스에서 재배하며, 다시 내부에 비닐 터널을 설치하여 보온한다. 반촉성 재배인 경우 겨울에는 그대로 추위에 노출시켜 휴면시키고, 이른 봄부터 비닐 터널을 씌워 생육을 촉진시킨다.

포도 [grape]

포도에는 당분(포도당·과당)이 많이 들어 있어 피로 회복에 좋고 비타민 A·B·B₂·C·D 등이 풍부해서 신진대사를 원활하게 한다. 그밖에 칼슘·인·철·나트륨·마그네슘 등의 무기질도 들어 있다. 포도는 회복기 환자의 영양 보급을 도와 주며, 특히 체액이 산성화되기 쉬운 현대인에게 매우 좋은 활력 공급원이다.

레몬 [lemon]

비타민 C와 구연산이 많기 때문에 신맛이 강하다. 과피에서 레몬유(油)를 짜서 음료·향수 및 레모네이드의 원료로 사용하고, 과즙은 음료·식초·화장품의 원료로 사용하며, 과자를 만들 때 향료로도 사용한다. 과즙에 설탕을 넣고 조려서 젤리를 만들고, 여기에 과육을 섞어서 마멀레이드를 만든다.

앵두 [korean cherry]

혈액 순환을 촉진하고 수분대사를 활발하게 하는 성분이 들어 있어 부종을 치료하는 데 좋고, 폐 기능을 도와 주어 가래를 없애고 소화 기관을 튼튼하게 하여 혈색을 좋게 한다. 동상에 걸렸을 때 즙을 내어 바르면 효과가 있다. 소주와 설탕을 넣어 술을 담그기도 하는데, 피로를 풀어 주고 식욕을 돋우어 준다.

바나나 [banana]

요리용 바나나(plantain banana)는 길이가 30cm, 지름이 7cm이다. 열매의 색깔은 잿빛을 띤 흰색·노란색·귤색 등이 있고, 향기와 단맛 등에도 변화가 많다. 종자는 짙은 갈색이고 편평한 둥근 모양이며, 지름은 5mm이다.

토마토 [tomato]

당도가 높고 비타민 C와 미네랄 함유량이 많아 수분 조절과 영양 섭취에 좋으며 상큼하다. 녹황색 채소로 노화 방지는 물론 항암 작용, 구연산에 의한 식욕 증진의 효과가 있다. 또한 비타민 A와 C가 풍부하여 소화를 도우며 체력 증진, 건강 식품으로 각광을 받고 있다.

키위 [kiwi]

열매가 뉴질랜드에 서식하는 키위새처럼 생겼다고 하여 영어 이름이 키위(kiwi)이다. 과육의 가운데 부분은 크림색이고, 그 둘레는 연한 녹색이며, 깨알 같은 종자가 있다. 비타민 C가 풍부하여 성인 1명이 하루에 필요한 양이 열매 1개에 충분히 들어 있다. 향기가 있으므로 날것으로 먹고, 잼과 아이스크림 등에 사용한다.

토스트 만들기

프렌치토스트

식빵을 1~1.5cm 두께로 썰어, 달걀·우유·설탕·소금을 섞은 소스에 담갔다가 버터를 녹인 프라이팬에 구워 낸 것이다. 디저트로 쓸 때도 있지만 간식이나 스낵으로 더 많이 이용한다.

재료(2개용)

설탕 100g, 달걀 2개, 브랜디 50g, 소금 5g,
식빵 2쪽

 ## 만드는 법

01 큰 볼에 도구를 이용하여 달걀을 풀어 준다.

02 풀어 놓은 달걀에 설탕과 브랜디, 소금을 섞는다.

03 식빵을 2의 소스에 푹 담근다.

04 프라이팬에 3의 식빵을 노릇노릇하게 굽는다(식빵을 만들 때 버터를 잘게 부수어 넣기 때문에 프라이팬에 버터를 두르지 않아도 식빵에서 버터가 녹아 나와 손쉽게 토스트를 구울 수 있다).

tip 쿠킹 포인트

토스트를 부드럽게 만드는 법

우유를 50g 정도 섞으면 좀더 부드러운 토스트를 만들 수 있다.

토스트를 맛있게 먹는 법

구워 낸 토스트를 여러 가지 모양으로 잘라 설탕·시럽·꿀·잼 등에 발라서 먹으면 색다르고 더 맛있게 먹을 수 있다.

* Egg toast

달걀토스트

식빵을 0.7~1cm 두께로 얇게 썰어 버터를 두르고 구운 빵에 달걀을 부쳐 넣은 것이다. 흔히 프렌치토스트 등으로 응용한 것이 많다. 재료에 따라 치즈토스트 · 오렌지토스트 등 종류가 다양하다.

재료(2개용)

달걀 2개, 소금 5g, 후추 1g, 식용유 20g, 버터 50g, 토마토케첩 약간, 식빵 4쪽

만드는 법

01 큰 볼에 도구를 이용하여 달걀을 푼다.

02 풀어 놓은 달걀에 소금, 후추, 식용유를 넣고 양념을 한다.

03 프라이팬에 식용유를 두르고 달걀을 부쳐 낸다.

04 같은 프라이팬에 버터를 두르고 식빵을 노릇노릇하게 구워 낸다.

05 한쪽의 식빵에 케첩을 바르고 부쳐 낸 달걀을 올린다.

06 5 위에 또 한쪽의 식빵을 올린다.

1

2

3

4

5

6

야채토스트

달걀토스트에 야채를 가미한 것으로 맛과 영양이 풍부하다. 야채를 싫어하는
어린이들에게 만들어 주면 거부감 없이 잘 먹는다.

재료(2개용)

달걀 2개, 양파 1/4개, 당근 1/4개, 대파 1/4줄기,
햄 100g, 소금 약간, 후추 약간, 케첩 약간,
설탕 30g 정도, 식빵 4쪽

 **만드는 법**

01 양파, 당근, 대파, 햄은 곱게 채를 썬다

02 달걀과 **1**을 한군데에 넣고 충분히 섞어 준다(소금, 후추로 간을
　　한다).

03 프라이팬에 식용유를 두르고 **2**를 부쳐 낸다.

04 같은 프라이팬에 버터를 두르고 식빵을 노릇노릇하게 구워 낸 후
　　한쪽의 식빵에 설탕을 올린다.

05 구운 빵을 프라이팬에서 꺼낸 후 케첩을 발라 주고, 부쳐 낸 달걀
　　을 식빵 크기로 자른 후 올린다.

06 5 위에 또 한쪽의 식빵을 올린다.

옥수수토스트

야채토스트에 옥수수를 가미한 것으로, 많은 토스트 전문점에서 야채토스트
다음으로 많이 판매되고 있는 토스트 중의 하나이다.

재료(4개용)

달걀 2개, 옥수수 100g, 완두 70g, 양파 1/4개,
햄 100g, 설탕 30g 정도, 케첩 약간, 식빵 4쪽

 **만드는 법**

01 옥수수와 완두는 물기를 완전히 제거한다.

02 양파와 햄은 곱게 채썬다.

03 달걀과 1, 2를 한군데에 넣고 충분히 섞어 준다(소금, 후추를 넣고
　 간을 한다).

04 프라이팬에 식용유를 두르고 3를 부쳐 낸 후 같은 프라이팬에 버
　 터를 두르고 식빵을 노릇노릇하게 구워 낸다.

05 한쪽의 식빵에 설탕을 30g 정도 올린 후 케첩을 발라 주고, 부쳐
　 낸 달걀을 식빵 크기로 자른 후 올린다.

06 5 위에 또 한쪽의 식빵을 올린다.

하이토스트

토스트라고도 부르며, 일본에서 즐겨 먹는 토스트이다. 바쁜 아침 시간에 간단하게 식빵에 버터를 발라 토스트하는 데 번거로움을 줄인 토스트이다.

재료(3개용)

버터 500g, 설탕 250g, 생크림 250g,
연유 100g, 달걀(노른자) 100g, 소금 5g,
브랜디 100g, 식빵 3쪽

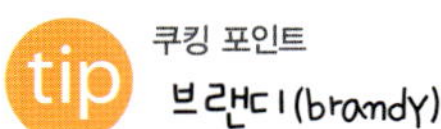 **만드는 법**

01 버터, 설탕, 생크림, 연유, 소금을 스텐볼에 넣고 섞는다.

02 중탕으로 **1**을 완전히 녹인다 .

03 달걀을 거품기로 완전히 풀어 준 후 **2**에 넣고 섞어 준다.

04 식빵을 두툼하게 사각형으로 자르고 **3**의 소스를 붓으로 발라 준다.

05 평철판에 식빵 3개를 놓고, 식빵의 가운데 부분을 가위를 이용하여 정사각형 모양으로 자른다.

06 스프레이에 브랜디를 넣어 빵속 깊이 뿌려 준 후 200℃ 전후의 오븐에서 15~18분 간 굽는다.

tip 쿠킹 포인트
브랜디(brandy)

브랜디는 넓게는 과실에서 양조 · 증류된 술이지만, 보통 단순히
브랜디라고 하면 포도주를 증류한 술을 가리킨다.

피자 만들기

피자 반죽

밀가루에 설탕과 이스트를 넣어 부풀린 반죽으로, 그 위에 피자의 토핑물을 얹는 기본적인 반죽이다.

재 료	비율(%)	무게(g)
강력분	100	1,000
소금	1.5	15
설탕	5	50
물	60	600
이스트	5	50
식용유	7	70
오레가노	0.5	5

❶ 물에 이스트와 설탕을 넣고 녹인 후 소금을 넣고 다시 녹인다.

❷ ❶에 강력분과 식용유, 오레가노를 넣고 손으로 밀가루가 보이지 않을 때까지 반죽한다.

❸ 반죽이 마르지 않도록 비닐에 싸서 햇빛이 잘 드는 쪽에 둔다(27℃ 정도의 온도 유지).

반죽이 2.5~3배 정도로 부풀 때까지 발효시킨다.

❹ 300g씩 나누어 피자팬에 밀어 편다.

tip 쿠킹 포인트

피자의 크기 조절하는 법

피자팬의 크기에 따라 분할량은 달라질 수도 있다. 반죽을 밀대로 밀어서 피자팬에 알맞은 크기로 밀어 편다.

피자 소스

토마토 페이스트와 토마토 소스를 주 원료로 해서 만든 것으로 양파를 첨가하여 맛을 가미시켰다. 거기에 월계수 잎과 정향으로 시럽을 만든 후 낮은 불로 충분히 조려서 양파의 매운맛은 없애고 토마토 고유의 맛을 향상시켰다.

재료(3개용)

양파 2개, 마늘 10쪽, 토마토 페이스트 200g, 토마토 소스 200g, 월계수 잎 3장, 정향 3개, 물 300g, 소금 2g, 오레가노 0.5g

1 재료를 준비한다.

2 월계수잎, 정향, 물을 넣고 녹색이 날 때까지 끓인다.

3 양파와 마늘은 잘게 다진다.

4 프라이팬에 버터를 두르고 양파 다진 것과 마늘 다진 것을 볶는다.

5 4에 토마토 소스와 토마토 페이스트를 넣고 낮은 불로 끓인 후 2의 물을 넣고 계속 끓이되(소금은 취향에 따라 넣을 수도 넣지 않을 수도 있다) 걸죽한 상태가 될 때까지 끓인다.

피자 이야기

이탈리아 나폴리가 발상지로 알려져 있는 피자. 그러나 피자의 어원은 의외로 이탈리아의 권위 있는 요리 사전에는 '분명하지 않다' 라고 써 있다. 이름의 유래는 잘 알 수 없지만 피자라고 하는 요리의 초기 형태는 아직도 먹고 있는 포카치아(focacia)라는 것이 유력하다.

포카치아는 주로 이탈리아 중남부에서 먹던 빵과 흡사한 것으로 소맥분에 이스트, 소금, 올리브유 등을 섞어 발효시켜 아무 것도 얹지 않고 구운 단순한 것이다. 'foca' 는 라틴어의 'focas(불의 뜻)' 에서 와서 '불로 구운 것' 이라는 의미이다.

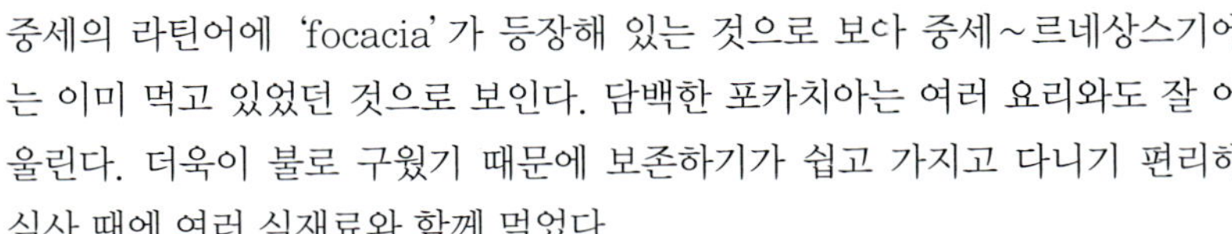

중세의 라틴어에 'focacia' 가 등장해 있는 것으로 보아 중세~르네상스기에는 이미 먹고 있었던 것으로 보인다. 담백한 포카치아는 여러 요리와도 잘 어울린다. 더욱이 불로 구웠기 때문에 보존하기가 쉽고 가지고 다니기 편리해 식사 때에 여러 식재료와 함께 먹었다.
예를 들면, 육류나 남부 이탈리아의 항구에서 잡힌 신선한 해산물을 얹어 먹었던 것이다. 이처럼 각지의 특산물의 맛을 활용해서 먹었던 것으로 포카치아는 각지로 확대되었다.

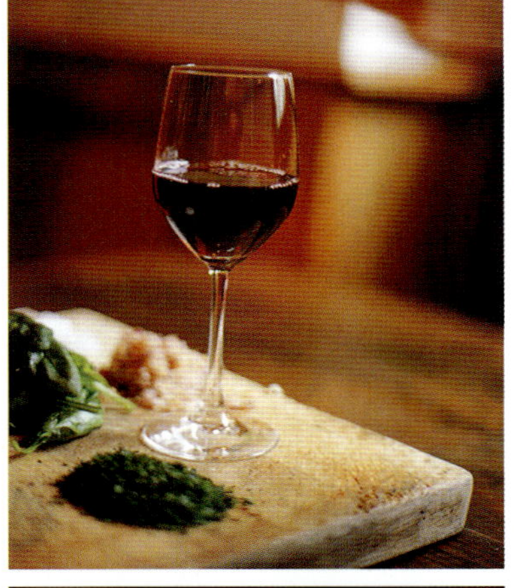

1. 피자의 이름과 현재의 모양

'피자' 의 이름으로 확인된 가장 오래된 문헌은 16세기경 당시의 시인 카로 · 아니바-레(1507~1566)의 책에 소개된 'pizza' 라는 말이 가장 오래된 것이다.
토마토가 이탈리아에 상륙한 것은 신대륙 발견 이후의 일이다. 16세기 중반에는 이탈리아에서 재배된 듯 하지만 이때는 관상용으로 쓰였고, 요리에 사용된 것은 18세기가 되어서부터이다.

2. 이탈리아 이민에 의해 미국에 피자 전래

피자가 역사의 무대에 나타난 19세기 후반의 이탈리아는 격동의 시기였다.

이탈리아가 근대화를 추진함에 따라 남북의 빈부격차가 확대되자 미국으로 많이 이민을 떠났다. 이때 피자가 새로운 시장을 형성하게 되었다.
가난했던 이탈리아 이민자들은 미국에서는 빵을 살 수 없어 집에서 생면을 반죽해서 빵집에 가지고 가서 굽곤 했다. 그 반죽을 납작하게 펴서 소스를 덮고 햄 등을 얹어 구워 먹었다.
이렇게 한 것이 미국 피자의 원형으로 변하여 빵집에서 구웠던 것으로부터 미국의 피자는 빵 반죽 스타일이 기본형으로 되었다.

3. 본가를 제치고 세계 제의 피자 대국으로

미국에서 피자 시장이 비약적으로 발전한 것은 제2차 세계 대전 후이다. 이탈리아에 종군했던 미국의 병사가 현지에서 먹은 피자의 맛에 감동해 귀국해서 피자를 요구하게 되었다.
더욱이 1940년대 중반, 오븐 제작자인 아이라 네우인 씨의 개발에 의해 가스 오븐이 등장하였다.
이 가스 오븐은 315~371℃을 항상 유지하는 피자 전용의 요로써 내구성도 뛰어나고, 더욱이 한번에 많은 피자를 구울 수 있어 빠르게 미국 전역으로 확대되었다.
1950년대에는 공장에서 피자를 대량으로 생산되게 되었고, 1960년대에는 냉동 반죽(도우)도 등장해 슈퍼마켓에서 판매되었다.

콤비네이션피자

서양 음식의 하나로, 둥글 넓적한 밀가루 반죽 위에 치즈, 고기, 토마토, 피망,
양송이 등 여러 가지 재료를 올려서 구운 파이를 말한다.

재료(2개용)

토핑물

소고기 500g, 양송이 200g, 햄 100g, 양파 1개,
피망 1개, 페페로니 70g, 피자 치즈 300g,
올리브 8개, 오레가노 10g

 만드는 법

01 재료를 준비한다.

02 양파와 피망은 링으로 썰은 후 프라이팬에 버터를 두르고 살짝 볶아
준다.

03 양송이는 껍질을 벗긴 후 모양대로 썰어 버터에 볶아 낸다.

04 소고기는 소금 간을 한 후 볶는다.

05 반죽을 피자팬에 밀어 펴서 포크로 구멍을 뚫은 후 소스를 바른 다음
소고기, 양송이, 햄, 양파, 피망, 페페로니를 올린다.

06 피자 치즈, 올리브를 올리고 오레가노 향을 소량 뿌려 준 후, 오븐
(270℃ 전후)에 10~12분 정도 굽는다.

tip **쿠킹 포인트**
피자 치즈가 갈색이 날 때까지 굽는다.
※토핑물 : 피자 반죽 위에 올리는 재료들

슬라이스피자

피자 전용팬이 없을 때 평철판에 만드는 피자로, 일반 피자와 다를 것이 없지만 양파를 토핑물로 사용하지 않아 아이들 생일 때나 많은 양의 피자를 만들 때 적당하다.

재료(1개용)

토핑물
옥수수 200g, 토마토 2개, 완두 200g,
햄 500g, 피망 3개, 양파 2개, 피자 치즈 500g

 **만드는 법**

01 재료를 준비한다.

02 양파와 피망, 햄, 토마토는 깍둑썰기를 하고, 옥수수와 완두는 수분을 완전히 제거한다.

03 모든 재료를 한군데에 넣고 섞어 준다.

04 철판에 반죽을 깔아 준 후 포크로 구멍을 낸다.

05 반죽 위에 피자 소스를 고르게 바른다.

06 3의 재료를 골고루 올린 후 피자 치즈를 뿌린다. 오븐(250℃ 전후)에 10~12분 정도 굽는다.

tip **쿠킹 포인트**
옥수수와 완두는 시중에서 판매하는 캔으로 된 것을 이용하면 편리하다.

1

2

3

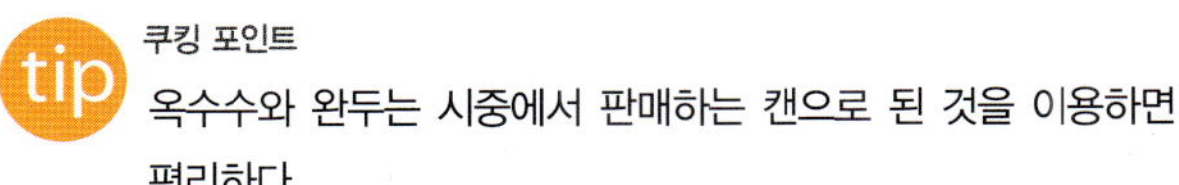

6

5

4

불고기피자

한국인에게 익숙하고 친숙한 불고기를 이용해서 만든 피자로, 느끼하지 않아 남녀노소를 불문하고 인기가 높다.

 **만드는 법**

01 불고기 양념 재료를 준비한다.

02 고기와 양념 재료를 프라이팬에 넣고, 고기가 충분히 익을 때까지 볶아 준다.

03 불고기피자 토핑물 재료를 준비한다(토핑물은 콤비네이션피자의 토핑과 같이 만든다).

04 피자팬에 반죽을 밀어 펴고 피자 소스를 바른다.

05 피자 소스를 바른 반죽 위에 양파→양송이→피망→피자치즈→양념한 불고기 순으로 재료를 올린 후 오븐(270℃ 전후)에 10~12분 정도 굽는다.

 **쿠킹 포인트**
불고기 양념을 맛있게 만드는 법

피자 소스에 불고기 200g 정도를 볶아서 넣는다.

재료(2개용)

불고기 양념
소고기 500g, 진간장 30g, 생강 30g,
대파 50g, 마늘 50g, 양파 50g, 설탕 20g,
참기름 10g, 정종 70g, 물엿 50g

토핑물
양파 1개, 양송이 200g, 피자 치즈 300g,
피망 1개, 양념한 불고기 200g

1

2

3

5

4

피자빵

소스와 재료는 피자의 토핑물과 같지만 만드는 방법은 빵과 같다. 출출할 때 식사
대용으로 먹으면 속이 든든하다.

재료(2개용)

토핑물
옥수수 100g, 완두 100g, 햄 200g, 토마토 1개,
피자 치즈 200g

 **만드는 법**

01 재료를 준비한다.

02 햄, 토마토는 깍둑썰기를 하고, 옥수수와 완두는 수분을 완전히 제거한
후 모든 재료를 한군데에 넣고 섞어 준다.

03 500g의 반죽을 철판에 깔아 준 후 피자 소스를 고르게 바른다.

04 3의 재료를 반죽에 1/2만 골고루 올린다.

05 나머지 1/2 남은 반죽으로 감싸 준다.

06 물을 바르고 빵가루를 묻힌 후 오븐(220℃ 전후)에 18~22분 정도
굽는다.

tip **쿠킹 포인트**
일반 피자와 달리 약간 낮은 온도에서
굽기를 한다.

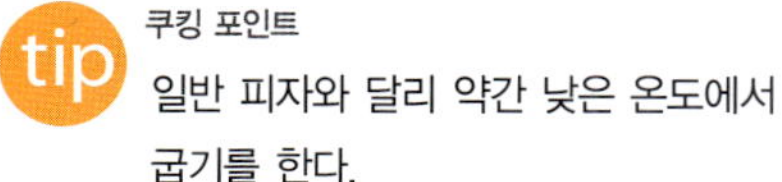

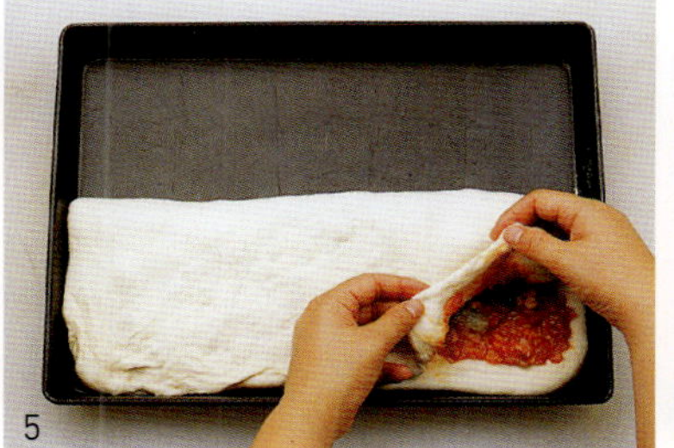

바게트피자

바게트를 길이 방향으로 잘라 피자 소스를 바르고 토핑물을 얹은 다음 피자
치즈를 올린 피자로, 젊은 여성들의 간식으로 인기가 높다.

재료(2개용)

토핑물
양파 1개 반, 피망 1개, 옥수수 100g,
맛살 2개, 햄 150g, 피자 치즈 200g,
피자 소스 100g

 **만드는 법**

01 재료를 준비한다.

02 양파와 피망, 맛살, 햄은 적당한 크기로 자른다.

03 옥수수는 캔을 구입하여 수분을 완전히 제거한다.

04 바게트를 반으로 길게 자른다.

05 자른 바게트 면에 피자 소스를 골고루 바르고, 2와 3을 바게트 면
에 차례대로 올린다.

06 마지막으로 피자 치즈를 올린 후 오븐(230℃)에 8~12분 정도 굽
는다.

오레가노

꽃박하라고도 하며, 톡 쏘는 박하 같은 향기가 특징이다.
꽃이 피는 시기에 수확하여 건조시켜 보존하는데 잎을 말린
것을 향신료로 쓴다. 독특한 향과 맵고 쌉쌀한 맛은 토마토
와 잘 어울리므로 토마토를 이용한 이탈리아 요리, 특히 피
자에는 빼놓을 수 없는 향신료이다.

베이킹파우더와 소다

화학적 팽창제로 케이크를 만들 때 사용한다.
이스트와 달리 일정한 온도가 되면 가스가
발생한다. 소다가 베이킹파우더보다 3배 정
도 가스 발생력이 많다.

설탕

사탕수수를 정제해서 만든 것이 설탕이다.
설탕은 빵에서는 이스트의 먹이로써의 역할
을 하며, 과자에서는 캐러멜 효과와 수분 보
습제의 역할을 한다.

정향

꽃이 피기 전의 꽃봉오리를 수집하여 말린 것을 정향이라고
한다. 꽃봉오리의 형태가 못처럼 생기고 향기가 있으므로 정
향이라고 한다. 피자 만들 때 많이 사용한다.

밀가루

밀가루는 종류에 따라 끈기가 다르다. 주로 강력분은
빵을 만들 때 사용하고, 중력분은 국수나 수제비 또
는 도넛을 만들 때 사용한다. 박력분은 케이크나 쿠
키를 만들 때 사용한다.

아몬드

아몬드는 자르지 않은 통아몬드와 절편한 것, 그리고
분쇄한 것 등 여러 가지가 나오고 있다. 과자를 만들
때 많이 사용한다.

건포도

포도 그대로 햇볕에 건조시키거나, 포도를 알칼리액(液)에
담갔다가 건져서 건조시키는 방법이 있다. 건포도용 품종으
로는 비교적 알이 작으면서도 씨가 없고, 산도가 낮은 것이
적당하다. 비스킷·빵 등의 제과 원료로도 널리 쓰인다. 미
국의 캘리포니아는 세계적으로 알려진 건포도의 산지이다.

전분

녹말가루, 콘스타치라고도 부른다. 수분을 보유하고자 하는
성질이 강하다. 커스터드크림을 만들 때 주로 사용한다.

양상추

결구상추 또는 통상추라고도 한다.

양상추는 샐러드로 많이 이용된다. 내용물로는 수분이 전체의 94~95%를 차지하고, 그 밖에 탄수화물 · 조단백질 · 조섬유 · 비타민 C 등이 들어 있다.

양상추의 쓴맛은 최면 · 진통 효과가 있어 양상추를 많이 먹으면 졸음이 온다.

붉은 양배추

양배추의 품종은 크게 보통 양배추와 붉은 양배추로 구분하고, 결구의 모양, 꽃눈이 분화할 때 낮은 온도에 대한 적응도 등으로 분류한다. 양배추는 칼슘과 비타민이 많이 들어 있어 샐러드로 많이 이용되고 있다.

오이

오이의 출하 시기는 여름이다. 신선한 것은 생식용으로 사용한다. 오이 특유의 향기가 있다. 오이에는 95% 이상의 수분이 있으며, 각종 비타민 · 무기질이 약간씩 들어 있다.

당근

홍당무라고도 한다.

비타민 A와 비타민 C가 많고, 맛이 달아 나물 · 김치 · 샐러드 및 서양 요리에 많이 이용한다.

캐러웨이 [caraway]

특수한 향기가 있으므로 과자 · 채소 수프 · 샐러드 · 치즈 등의 향신료로 쓰인다. 또한 종자에는 3~5%의 정제된 기름이 들어 있는데, 추출한 기름은 알코올 음료의 맛을 내거나 방향성 자극제와 같은 약품을 만드는 데 사용한다.

슬라이스 치즈

치즈는 우유 중의 단백질, 특히 카세인과 지방질이 옮겨간 것이다. 따라서 치즈는 우유 중의 카세인과 지방이 약 1/10로 농축된 것과 같아진다. 또한 비타민 A, B 등의 미량 영양소도 많고 보건 · 미용 · 어린이(이유기 이후) 및 성인용 식품으로 매우 적당하다.

버터

우유에서 추출한 버터는 제품을 부드럽게 해 주는 역할을 하며 영양을 더해 준다. 버터 대신 식물성 마가린을 사용할 수도 있다.

완두

완두는 탄수화물이 주성분이며 단맛이 뛰어나고 단백질도 많고, 어린 꼬투리에는 비타민도 풍부하다. 팥이나 강낭콩 처럼 밥에 넣어 먹거나 떡 · 과자의 고물로도 이용된다. 성숙하기 전의 푸른 씨알은 통조림으로, 어린 꼬투리는 채소로, 잎과 줄기는 가축의 사료로 이용한다.

조리빵 만들기

조리빵의 종류

조리빵

만드는 법

01 물(여름 25℃ 전후, 겨울 30℃ 전후)에 설탕과 소금, 이스트를 넣고
완전히 풀어 준다.

02 달걀은 거품기로 풀어 주고 강력분, 분유, 개량제는 체로 친 후 스텐
볼에 넣고 1과 용해시킨 버터를 한군데에 넣는다.

03 모든 재료를 손으로 수제비 반죽하듯이 섞어 준다.

04 밀가루가 보이지 않을 정도로 충분히 섞어 준다.

05 반죽이 매끈한 상태가 되었으면 스텐볼에 넣고 27~35℃ 정도의 온
도를 유지시키면서 40분~1시간 정도 발효시킨다.

06 발효 시간이 충분해지면 반죽이 3~4배 정도로 커진다.

07 만들고자 하는 만큼의 반죽을 나누어서 표피를 매끄럽게 만들어 준다.

재 료	비율(%)	무게(g)
강력분	100	1,000
물	45	450
설탕	10	100
마가린	10	100
소금	1.5	15
달걀	10	100
이스트	4	40
분유	3	30
개량제	2	20

tip 쿠킹 포인트
빵 반죽에 윤기가 생기는 전 단계
까지 반죽한다.

참치조리빵

등푸른 생선의 대표적인 어종으로 참치는 DHA와 불포화 지방산을 풍부하게
함유하고 있고, 이러한 불포화 지방산은 어린이의 두뇌 발달, 시력 증진은 물
론 항암 작용, 노인성 치매 예방에 효과가 있다.

재료(10개용)

참치 350g, 당근 1/2개, 양파 1/2개,
셀러리 1줄기, 햄 100g, 마요네즈 100g,
후추 10g, 다시다 10g, 소시지 10개

 **만드는 법**

01 재료를 준비한다.

02 당근과 양파, 셀러리, 햄을 다진 후 소량의 마요네즈와 참치를 넣고
섞어 준다.

03 반죽을 50g으로 나눈 후 반죽에 소시지 1개를 넣고 감싸 준다.

04 가위로 최대한 어슷썰기를 한 후 칼집 낸 부위를 양쪽으로 펼친다.

05 2차 발효 후 **2**의 재료를 **4** 위에 올린다.

06 마요네즈로 모양을 낸 후 오븐(190℃ 전후)에 20분 정도 굽는다.

 **tip** 쿠킹 포인트
케첩과 마요네즈를 같이 사용하면 더욱 맛있는
조리빵을 만들 수가 있다.

옥수수조리빵

옥수수는 찌거나 삶아 먹으면 그 안에 든 항산화 성분이 더 많이 생성된다.
항산화 성분은 노화, 암, 심장병 등의 예방에 좋다. 옥수수조리빵은 우유와 함
께 먹으면 더욱 좋다.

재료(10개용)

소고기 300g, 옥수수 200g, 당근 1/2개,
피망 1개, 완두 200g, 맛살 3개,
마요네즈 100g, 모차렐라 치즈 250g

 **만드는 법**

01 재료를 준비한다.

02 소고기는 프라이팬에 바삭하게 볶는다.

03 옥수수도 물기가 없어질 때까지 프라이팬에 볶는다.

04 3에 당근, 피망, 완두, 맛살을 넣고 마요네즈로 섞어 준다.

05 반죽을 50g으로 나눈 후 마들렌 컵에 조리빵 반죽을 채우고 **4**의
   재료를 올린다.

06 2차 발효가 끝나면 모차렐라 치즈를 올린 후 오븐(190℃ 전후)
   에 20분 정도 굽는다.

 **쿠킹 포인트**
재료를 볶을 때 후춧가루나 다시다로 맛을
더해 줄 수 있다.

반달조리빵

각종 야채를 조합한 것으로 속재료가 다양하고 풍부하다. 주로 야채, 고기, 소시지 등을 넣어 만든다. 반달조리빵은 영양이 풍부하여 아이들 간식에 좋다.

재료(10개용)

소고기 300g, 당근 1/2개, 양파 100g,
피망 1/2개, 양송이 200g, 토마토케첩 100g,
슬라이스 치즈 30g, 옥수수 30g

 만드는 법

01 재료를 준비한다.

02 프라이팬에 다진 소고기를 넣고 볶는다.

03 당근, 양파, 피망과 양송이는 깍둑썰기를 한 후 버터에 볶는다.

04 3과 옥수수를 한군데에 넣고 토마토케첩을 넣은 후 물기가 없어질 때까지 볶아 준다.

05 반죽을 50g으로 나누어 타원형으로 밀어 편 후, 만들어 놓은 속재료 2와 4를 넣는다.

06 2차 발효가 끝난 후 슬라이스 치즈를 올리고, 오븐(190℃ 전후)에 20분 정도 굽는다.

tip 쿠킹 포인트
옥수수는 물기를 완전히 제거한 후 사용하고, 재료를 볶을 때 후춧가루나 다시다로 맛을 더해 줄 수 있다.

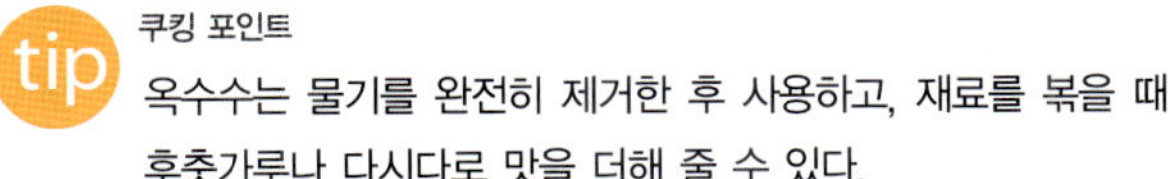

야채롤

야채롤은 반죽에 각종 야채를 올려 말아서 구운 조리빵이다. 바쁜 아침 식사 대용
으로 우유와 함께 먹으면 든든하다.

재료(10~12개용)

양파 300g, 당근 1/2개, 맛살 5개, 피망 1개,
셀러리 1줄기, 햄 100g, 완두 100g,
옥수수 100g, 마요네즈 100g, 토마토케첩 100g

 **만드는 법**

01 재료를 준비한다.

02 완두와 옥수수는 수분을 완전히 제거한다.

03 양파, 당근, 맛살, 피망, 셀러리, 햄을 곱게 다진다.

04 500g의 반죽을 직사각형으로 밀어 편 후, 그 반죽에 마요네즈를 섞은
재료를 골고루 펴 준 후 김밥 말듯이 말아 준다(이음매 부분은 물을 묻
혀서 완전히 봉한다).

05 반죽을 3~4cm 정도의 길이로 자른 후, 마들렌 컵에 세워서 담는다.

06 2차 발효 후 마요네즈와 토마토케첩으로 장식하고, 오븐(190℃ 전후)
에 20분 정도 굽는다.

달걀조리빵

야채 대신 달걀과 햄, 치즈를 주원료로 만들어 야채를 싫어하는 아이들도 좋아하는 조리빵이다. 달걀과 햄, 치즈의 담백함을 느낄 수 있다.

재료(5개용)

달걀 5개, 슬라이스 햄 5장, 슬라이스 치즈 5장, 마요네즈 100g, 토마토케첩 100g

 **만드는 법**

01 재료를 준비한다.

02 반죽을 50g으로 나눈 후 팔자형으로 만든다.

03 달걀을 삶아 노른자가 보이도록 1/2로 자른 후 팔자형으로 만든 반죽 위에 올려 놓는다.

04 2차 발효가 끝난 후 가늘고 길게 자른 햄과 치즈를 **3** 위에 얹는다.

05 마요네즈와 토마토케첩으로 장식한 후 오븐(190℃ 전후)에 20분 정도 굽는다.

1

2

3

tip 쿠킹 포인트

햄 구입 방법

햄을 고를 때는 유통 기간을 꼭 확인한 후 구입한다.

5

4

치즈롤

치즈와 햄을 다량 넣은 조리빵으로 영양 만점의 빵이다. 아이들의 간식 및 아침 식사 대용으로 이용하면 좋다.

재료(10개용)

양파 1/2개, 피망 1개, 당근 1/2개, 맛살 3개, 옥수수 100g, 완두 100g, 마요네즈 100g, 후추 10g, 다시다 100g, 슬라이스 햄 10장, 슬라이스 치즈 10장, 모차렐라 치즈 100g

 만드는 법

01 재료를 준비한다.

02 양파, 피망, 당근, 맛살은 깍둑썰기 한다.

03 옥수수와 완두는 물기를 완전히 제거한다.

04 2와 3을 마요네즈로 버무린다.

05 밀어 편 반죽에 섞어 놓은 속재료를 골고루 펴 주고, 그 윗면에 모차렐라 치즈와 햄을 올린다. 그리고 김밥 말듯이 말아 준다.

06 3cm 정도의 길이로 자른 후 제조한 반죽을 마들렌 컵에 옆으로 담는다. 2차 발효 후 빵 반죽 윗면에 슬라이스 치즈를 올리고, 오븐(190℃ 전후)에 20분 정도 굽는다.

tip 쿠킹 포인트
속재료를 마요네즈로 버무릴 때 소금과 후추로 맛을 더해 줄 수 있다. 옥수수와 완두는 캔을 이용하면 편리하다.

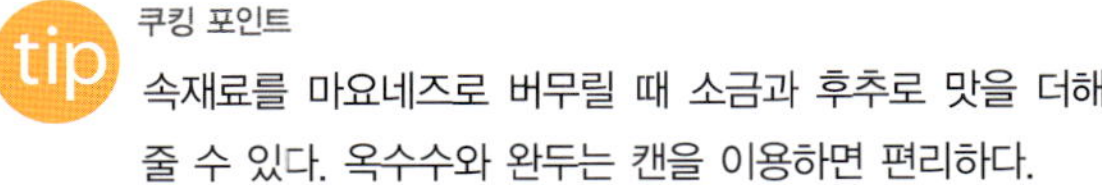

햄크로켓

햄과 야채를 넣고 기름에 튀긴 것으로, 기름과의 조화를 잘 이룬 조리빵이다.

재료(2개용)

감자 3개, 달걀 3개, 양파 1개, 대파 1줄기,
당근 1/2개, 마요네즈 100g, 소금 10g,
후추 10g, 다시다 10g, 슬라이스 햄 6장,
슬라이스 치즈 6장, 맛살 6개, 토마토케첩
100g, 빵가루 200g, 식용유 1,000g

 **만드는 법**

01 재료를 준비한다.

02 감자와 달걀은 삶아서 껍질을 벗긴
후 엉근체에 내린다.

03 양파와 대파, 당근은 채썰기를 한 후
버터에 볶는다.

04 볶은 야채를 달걀, 감자와 같이 마요
네즈와 소금, 그리고 후춧가루와 다
시다를 넣고 버무린다.

05 반죽을 170g으로 나눈 후 밀어 편다.

06 밀어 편 반죽에 마요네즈를 바르고
슬라이스 햄을 얹고, 다시 슬라이스
치즈를 올린다. 맛살을 올린 후 토마
토케첩을 발라 주고 **4**의 속재료를 올
린다.

07 반죽을 봉한 후 반죽의 표면에 물을
바르고 빵가루를 묻힌다.

08 2차 발효 후 180~196℃의 기름에서
황금색이 날 때까지 튀긴다.

 **tip 쿠킹 포인트**
부피가 커서 기름에 튀길 때 온도 조절을
잘 해야 좋은 제품을 얻을 수 있다.

1

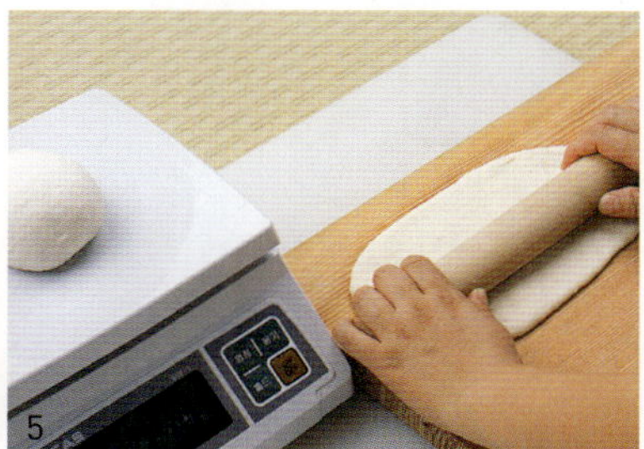
5

2

6

3

7

4

8

찹쌀도넛

찹쌀에 베이킹파우더를 넣고 기름에 튀긴 것으로, 누구든지 손쉽게 만들 수 있는
제품이다.

| 배합표 |

재 료	비율(%)	무게(g)
찹 쌀	100	1,000
강력분	20	200
설 탕	25	25
소 금	1.5	15
소 다	1	10
베이킹파우더	2	20
물	30~40	300~400

만드는 법

01 재료를 준비한다.

02 물을 제외한 모든 재료를 스텐볼에 넣고 손바닥으로 골고루 섞어준 후,
70~80℃ 되는 물을 넣고 반죽한다.

03 반죽을 30g씩 나눈 후 팥앙금을 25g 정도 넣는다.

04 팥앙금을 넣은 반죽을 180~196℃의 기름에서 튀긴다.

쿠킹 포인트

tip 찹쌀도넛을 맛있게 만들려면

1. 물의 양은 반죽의 되기를 확인하며 송편 반죽과 같은 상태로 만든다.
2. 표피가 매끄러운 상태가 될 때까지 반죽한다.
3. 기름에 넣을 때는 180~196℃의 기름 온도에서 불을 끈 후 넣어 준다.
4. 찹쌀 반죽이 떠오르면 계속 저으면서 튀긴다.
5. 기름 온도는 항상 180~196℃가 될 수 있도록 껐다 켰다를 반복한다.
   찹쌀도넛에 앙금을 넣기가 힘들면 20g씩 나눈 후 동그랗게 만든 다음 튀긴다.
   튀긴 후 설탕을 묻히면 맛있는 찹쌀도넛을 맛볼 수 있다.

러스크

식빵을 얇게 잘라서 낮은 온도의 오븐에 바삭하게 구운 것이다. 여성들에게
인기가 좋고 커피와 함께 먹으면 잘 어울린다.

| 배합표 |

재 료	비율(%)	무게(g)
버 터	100	500
설 탕	10	50
물 엿	10	50

 **만드는 법**

01 재료를 준비한다.

02 녹인 버터에 설탕과 물엿을 넣고 섞어 준다.

03 식빵을 적당한 크기로 자르고 철판에 깔아준 후 **2**를 골고루 발라
주고, 오븐(200℃ 전후)에 12분 정도 굽는다.

tip 쿠킹 포인트

1. 버터만 녹여서 식빵에 바른 후 설탕을 뿌려줄 수도 있다.
2. 좀더 강한 맛을 원하는 사람은 마늘이나 생강을 갈아서 넣을 수도 있다.
3. 버터에 소금을 넣어서 좀더 짭짤한 맛을 낼 수도 있다.

마늘빵

바게트빵을 얇게 잘라서 양쪽에 마늘 버터를 바른 후 오븐에 구운 것이다. 다진 마늘이나 허브를 올리는 경우도 있다. 짭짤해서 단맛을 싫어하는 사람에게 좋다.

재료(3개용)

버터 200g, 설탕 10g, 마늘 30g, 양파 10g, 당근 5g, 마요네즈 10g, 참깨 5g

 **만드는 법**

01 재료를 준비한다.

02 버터를 부드러운 크림 상태로 만든 다음, 설탕을 넣고 섞어 준다.

03 마늘, 양파, 당근은 곱게 다진다.

04 어슷썰기를 한 바게트빵에 **2**를 발라 준다.

05 다진 마늘, 양파, 당근을 골고루 올린다.

06 짤주머니에 마요네즈를 넣고 윗면을 장식한 후, 오븐(윗불 190℃, 밑불 150℃)에 8~12분 정도 굽는다.

1

2

3

tip **쿠킹 포인트**

1. 파슬리 가루와 참깨를 올려 맛을 더해 줄 수 있다.
2. 버터와 야채 등 모든 재료를 섞어서 빵의 앞뒷면에 발라 주면 더욱더 맛있다.

6

5

4

여러 가지 소스 만들기

서양요리에서 맛이나 빛깔을 내기 위하여 식품에 넣거나 위에 끼얹는 액체 또는 반유동 상태의 조미료를 '소스'라 한다. 우리나라나 일본에서는 일반적으로 우스터소스(Worcester sauce) 및 이를 흉내낸 것을 말한다. 어원은 라틴어의 sal(소금)에서 나온 것으로 원래는 소금을 기본으로 한 조미 용액이란 뜻이며, 세계 각국에서 조미료라고 하는 말의 머리에 's' 자가 많이 붙어 있는 것은 이 때문이다.

소스는 고대 로마시대부터 사용되어 온 것으로 주요한 것만 해도 400~500여종에 이른다. 소스는 생선·고기·달걀·채소 등 각종 요리에 각각 알맞는 것이 있고, 요리와의 조화에 커다란 영향을 끼친다.

프랑스의 요리가 세계적으로 유명한 것은 각종 요리에 따라 끼얹는 소스의 종류가 약 700여종에 이르기 때문이라고 한다.

딸기 소스

재 료

딸기 300g, 정백당 80g, 물 100g,
레몬주스 15g, 브랜디 15g

| 만들기 |

1. 딸기와 설탕을 넣고 센불에 10분 정도 끓인다.
2. ①을 고운체에 내린다.
3. 30분 정도 실온에서 냉각 후 레몬주스와 브랜디를 넣고 골고루 섞어 준다.

포인트
빵과 과일을 같이 먹을 때 잘 어울리는 소스이다.

감귤 소스

재 료

감귤 300g, 정백당 150g, 물 70g,
레몬주스 10g, 브랜디 15g, 전분 10g

| 만들기 |

1. 감귤을 믹서기에 간다.
2. 갈은 감귤과 정백당을 넣고 센불에 10분 정도 끓이다가, 물에 전분을 섞어서 투입시킨 후 5분 정도 더 끓인다.
3. 30분 정도 실온에서 냉각 후 레몬주스와 브랜디를 섞어 준다.

포인트
빵과 과일을 같이 먹을 때 잘 어울리는 소스이다.

마요네즈 소스

재 료

마요네즈 500g, 겨자 3g,
레몬주스 3g, 후추 0.5g

| 만들기 |

1. 마요네즈에 겨자, 레몬주스, 후추를 섞어 준다
   (취향에 따라 겨자를 더 넣을 수도 있다).

 **포인트**
일반 샌드위치에 사용한다.

버터크림 겨자 소스

재 료

버터 100g, 겨자 3g, 식용유 10g

| 만들기 |

1. 거품기로 버터를 부드럽게 만들어 준다.
2. 겨자와 식용유를 섞어 준다.

포인트
고기가 들어 있는 샌드위치에 잘 어울린다.

다우전 아일랜드 드레싱

재 료

마요네즈 500g, 토마토케첩 35g, 올리브유
50g, 토마토 페이스트 15g, 다진 양파 35g,
다진 피클 15g, 다진 셀러리 5g, 레몬 1개,
블랙올리브 10g, 백포도주 5g, 빨간피망 5g,
삶은 달걀 1개, 피클 10g, 양파 15g,
피망 10g, 식초 1.5g

| 만들기 |

1. 모든 재료를 스텐볼에 넣고 섞어 준다
   (취향에 따라 소금이나 후추를 넣고 섞어 준다).

 **포인트**
상추샐러드에 얹으면 오이피클·양파 등이 1,000개의 섬
처럼 보인다하여 다우전 아일랜드 드레싱(thousand
island dressing)이라는 이름이 붙었다.

식빵 만들기

샌드위치식빵

| 배합표 |

재 료	비율(%)	무게(g)
강력분	100	1,000
물	60	600
설 탕	8	80
마가린	8	80
소 금	2	20
분 유	2	20
이스트	4	40
개량제	2	20

 만드는 법

01 물에 이스트와 설탕을 넣고 녹인 후, 소금을 넣고 다시 녹인다.

02 밀가루에 1의 재료와 마가린을 녹여서 넣고 손으로 반죽한다.

03 반죽이 마르지 않도록 비닐에 싸서 햇빛이 잘 드는 쪽이나 따뜻한 방에 놓아 둔다.

04 반죽이 2.5~3배 정도로 부풀 때까지 발효시킨다.

05 반죽을 300g씩 나누어 둥글리기를 한 후 약 10분 정도 놓아 둔다.

06 밀대를 사용하여 반죽을 밀어 편 후 말기를 하고, 샌드위치식빵팬에 담는다.

07 반죽이 팬 밑으로 5cm 정도가 되었을 때 뚜껑을 덮고, 오븐(200℃ 전후)에 30~40분 정도 굽는다.

생크림식빵

| 배합표 |

재 료	비율(%)	무게(g)
강력분	80	800
박력분	20	200
물	24	240
설 탕	12	120
버 터	12	120
소 금	1.5	15
분 유	3	30
달 걀	20	200
이스트	5	50
개량제	1	10
생크림	20	200

 만드는 법

01 둘에 이스트와 설탕을 넣고 녹인 후, 소금을 넣고 다시 녹인다.

02 1에 모든 재료를 넣고 밀가루가 보이지 않을 정도로 반죽한다(버터는 녹여서 반죽에 넣는다).

03 반죽이 마르지 않도록 비닐에 싸서 햇빛이 잘 드는 쪽에 둔다(27~35℃ 정도의 온도 유지).

04 반죽이 2.5~3배 정도로 부풀 때까지 발효시킨다.

05 반죽을 320g씩 분할해 한 덩어리를 한 개의 식빵틀에 넣은 후 2차 발효를 시킨다.

06 탄죽이 팬 위로 1cm 정도 되었을 때 오븐(200℃ 전후)에 30~35분 정도 굽는다.

핫도그빵

| 배합표 |

재 료	비율(%)	무게(g)
강력분	100	1,000
설 탕	10	100
버 터	10	100
생이스트	4	40
달 걀	20	200
소 금	1.75	17.5
탈지분유	2	20
물	40	400

 **만드는 법**

01 물에 이스트와 설탕, 소금을 넣고 녹인다(버터는 녹여서 반죽에 넣는다).

02 1에 모든 재료를 넣고 밀가루가 보이지 않을 정도로 반죽한다.

03 반죽이 마르지 않도록 비닐에 싸서 햇빛이 잘 드는 쪽에 둔다(27~35℃ 정도의 온도 유지).

04 반죽이 2.5~3배 정도로 부풀 때까지 발효시킨다.

05 반죽을 60g씩 나눈다.

06 반죽을 나눈 다음 핫도그 모양을 만들어 철판에 놓은 후, 달걀물을 바르고 30~40분간 두 번째로 발효시킨다(달걀물은 노른자 1개에 물 100g을 섞은 것을 말한다).

07 본 반죽보다 발효된 반죽이 1.5~2배가 되었을 때 오븐(200℃ 전후)에 8~10분 정도 굽는다.

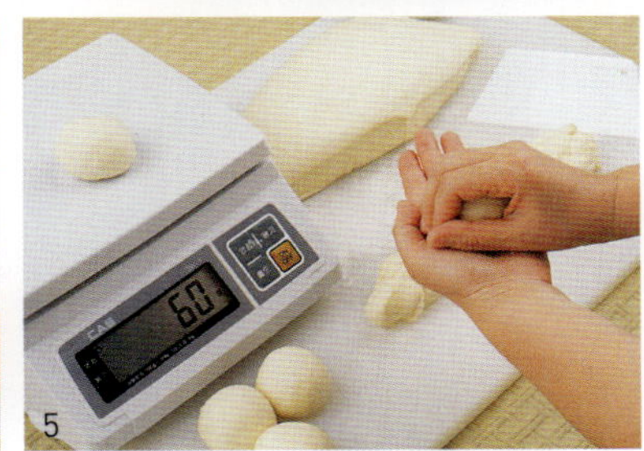

크라프트콘식빵

| 배합표 |

재 료	비율(%)	무게(g)
강력분	80	800
크라프트콘	20	200
설 탕	10	100
버 터	7	70
생이스트	3.5	35
개량제	2	20
소 금	1	10
탈지분유	2	20
물	51	510

 만드는 법

01 버터를 중탕으로 녹인다(물에 이스트와 설탕을 넣고 녹인 후 소금을 넣고 다시 녹인다).

02 1에 모든 재료를 넣고, 밀가루가 보이지 않을 정도로 반죽한다.

03 반죽이 마르지 않도록 비닐에 싸서 햇빛이 잘 드는 쪽에 둔다(27~35℃ 정도의 온도 유지).

04 반죽이 2.5~3배 정도로 부풀 때까지 발효시킨다.

05 반죽을 180g씩 나눈다.

06 식빵 모양으로 만들어 세 덩어리를 한 개의 식빵틀에 넣은 후 두 번째로 발효시킨다.

07 반죽이 팬 위로 2cm 정도 올라왔을 때 오븐(200℃ 전후)에 30~35분 정도 굽는다.

버터식빵

1

2

3

4

| 배합표 |

재 료	비율(%)	무게(g)
강력분	80	800
박력분	20	200
물	32	320
설 탕	10	100
버 터	12	120
소 금	1.5	15
분 유	4	40
달 걀	20	200
이스트	5	50
개량제	1	10
생크림	10	100

 **만드는 법**

01 물에 이스트와 설탕을 넣고 녹인 후, 소금을 넣고 다시 녹인다(버터는 증탕으로 녹이고 달걀을 풀어 놓는다. 녹여서 반죽에 넣는다).

02 강력분, 박력분, 분유, 개량제, 생크림에 **1**의 재료를 넣고 밀가루가 보이지 않을 정도로 반죽한다.

03 단죽이 마르지 않도록 비닐에 싸서 햇빛이 잘 드는 쪽에 둔다(27~35℃ 정도의 온도 유지).

04 반죽이 2.5~3배 정도로 부풀 때까지 발효시킨다.

05 반죽을 350g씩 분할해 한 덩어리를 한 개의 식빵틀에 넣은 후 두 번째로 발효시킨다.

06 반죽이 팬과 일직선이 되었을 때 오븐(200℃ 전후)에 30~35분 정도 굽는다.

5

6

잡곡식빵

| 배합표 |

재 료	비율(%)	무게(g)
잡곡 프리믹스	20	200
강력분	80	800
설 탕	10	100
버 터	10	100
소 금	1	10
이스트	4	40
개량제	2	20
분 유	2	20
물	55	550

 **만드는 법**

01 물에 이스트와 설탕을 넣고 녹인 후, 소금을 넣고 다시 녹인다(버터는 중탕으로 녹여서 반죽에 넣는다).

02 1에 모든 재료를 넣고 밀가루가 보이지 않을 정도로 반죽한다.

03 반죽이 마르지 않도록 비닐에 싸서 햇빛이 잘 드는 쪽에 둔다(27~35℃ 정도의 온도 유지).

04 반죽이 2.5~3배 정도로 부풀 때까지 발효시킨다.

05 식빵 모양으로 만들어 200g씩 나누어 세 덩어리를 한 개의 식빵틀에 넣은 후 두 번째로 발효시킨다.

06 반죽이 팬 위로 2cm 정도 올라왔을 때 오븐(200℃ 전후)에 30~35분 정도 굽는다.

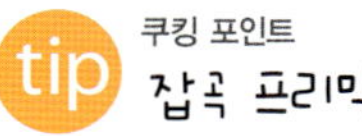 **tip** 쿠킹 포인트
잡곡 프리믹스

- 7가지 곡식이 섞여 있는 가루를 말한다.
- 크라프트콘을 사용할 때도 있다.
- 때로는 인위적으로 만들어서 사용할 때도 있다.

바게트빵

| 배합표 |

재 료	비율(%)	무게(g)
강력분	100	1000
물	60	600
이스트	3	30
개량제	2	20
소 금	1.8	18

 **만드는 법**

01 물에 소금과 이스트를 넣고 녹인다.

02 전 재료를 넣고 모든 재료가 한 덩어리로 뭉쳐지고, 반죽이 매끄러운 상태가 되도록 반죽한다.

03 반죽이 마르지 않도록 비닐에 잘 싸서 24~27℃의 온도를 유지시킨다 (이유 : 이스트의 양이 적고 설탕량이 없기 때문에 다른 빵에 비해 온도를 낮춘다).

04 24℃ 정도의 온도에서 반죽을 비닐에 싼 후 3~4배 정도로 부풀 때까지 발효시킨다.

05 반죽을 200g으로 나눈 후 표피를 매끄럽게 한다.

06 바게트 모양으로 나눈 후 바게트 전용 팬에 넣는다.

07 바게트 전용 팬에 넣은 후 두 번째로 발효시키고, 윗면을 칼질 후 오븐 (230℃ 전후)에 20분 정도 굽는다.

tip 쿠킹 포인트
바게트 빵을 맛있게 굽는 법

오븐에 넣은 후 스팀을 분사한다. 7~8분 정도가 경과하면 온도를 줄여 준다.

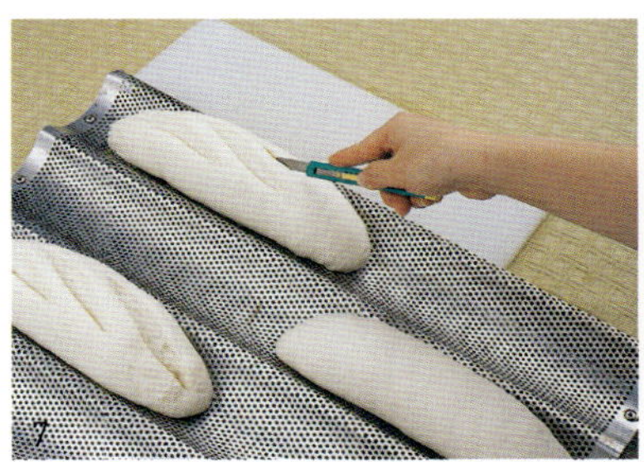
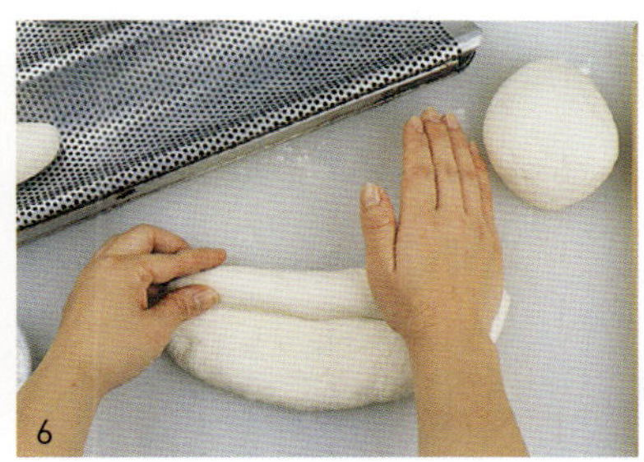

오트밀식빵

| 배합표 |

재 료	비율(%)	무게(g)
강력분	85	850
오트밀	15	150
이스트	3	30
개량제	2	20
소 금	2	20
물	60	600

만드는 법

01 물에 이스트와 설탕을 넣고 녹인 후, 소금을 넣고 다시 녹인다(버터는 녹여서 반죽에 넣는다).

02 1에 모든 재료를 넣고 밀가루가 보이지 않을 정도로 반죽한다.

03 반죽이 마르지 않도록 비닐에 싸서 햇빛이 잘 드는 쪽에 둔다(27~35℃ 정도의 온도 유지).

04 반죽이 2.5~3배 정도로 부풀 때까지 발효시킨다.

05 반죽을 400g씩 나눈 후 한 덩어리를 한 개의 식빵틀에 넣은 다음 두 번째로 발효시킨다.

06 반죽이 팬과 일직선이 되었을 때 오븐(200℃ 전후)에 30~35분 정도 굽는다.

베이글

| 배합표 |

재 료	비율(%)	무게(g)
강력분	100	1,000
소 금	1.5	15
이스트	4	40
물	60	600
설 탕	2	20
개량제	2	20

 **만드는 법**

01 물에 이스트와 설탕을 넣고 녹인 후, 소금을 넣고 다시 녹인다.

02 1에 모든 재료를 넣고 밀가루가 보이지 않을 정도로 반죽한다.

03 반죽이 마르지 않도록 비닐에 싸서 햇빛이 잘 드는 쪽에 둔다(27~35℃ 정도의 온도 유지).

04 반죽이 2.5~3배 정도로 부풀 때까지 발효시킨다.

05 반죽을 80g씩 나눈다.

06 10~15분 정도 중간 발효를 시킨 후, 반죽을 도넛 모양으로 만든다.

07 2차 발효한 후 베이글 시럽에 5~7초 정도 삶은 후 오븐(200℃ 전후)에 18~22분 정도 굽는다.

 **tip** **쿠킹 포인트**
베이글시럽 만드는 법

물 1,000g에 꿀 70g을 넣고 끓인다(꿀이 없으면 설탕으로 대신해도 된다).

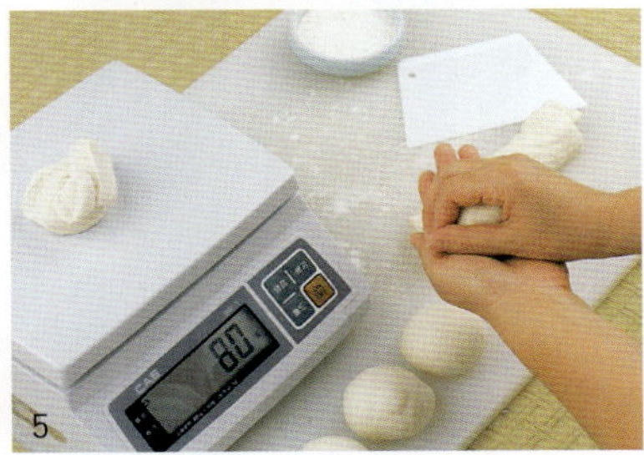

토스트식빵

| 배합표 |

재 료	비율(%)	무게(g)
강력분	100	1,000
설 탕	8	80
버 터	8	80
이스트	5	50
물	62	620
소 금	1.75	17.5
분 유	3	30
개량제	2	20
마가린	20	200

 **만드는 법**

01 스텐볼에 설탕, 이스트, 물, 소금을 넣고 녹인다.

02 버터는 중탕으로 용해시킨다.

03 밀가루에 **1**과 **2**를 넣고 밀가루가 보이지 않을 때까지 반죽 후 발효시 킨다.

04 반죽에 넣을 마가린을 사방 4~5mm 크기로 잘라 냉동실에 넣어 둔다.

05 발효된 반죽을 400g씩 나눈다.

06 반죽을 밀대로 밀어 편 후 **4**의 마가린을 넣고 말아 준다.

07 한 덩어리를 한 개의 식빵틀에 넣은 후 반죽이 팬 밑으로 1cm 정도가 되었을 때까지 발효한 후 오븐(200℃ 전후)에 30~35분 정도 굽는다.

홈 베이킹

2004년 3월 25일 1판1쇄
2008년 5월 30일 1판2쇄

지은이 : 이승식
펴낸이 : 남상호

펴낸곳 : 도서출판 **예신**
www.yesin.co.kr

140-896 서울시 용산구 효창동 5-104
전화 : 704-4233, 팩스 : 715-3536
등록 : 제03-01365호(2002. 4. 18)

값 12,000원

ISBN : 978-89-5649-062-5